■ 国外电力名著译丛

Microgrids
Operation and Control Under Emergency Conditions

微电网紧急工况下的
运行与控制

［西］ Carlos Moreira　　著

南京南瑞集团公司　　蒋雷海　译

LAP LAMBERT Academic Publishing

中国电力出版社
CHINA ELECTRIC POWER PRESS

内 容 提 要

　　微电网是低压配电网的一部分，包含分布式能源（微型电源）、储能设备及可控负荷，在通信系统的支持下，与先进的管理和控制系统协调工作。微电网最突出的特点是既可以并网工作，也可以孤岛运行，可以将两种运行方式有效地结合在一起。为应对微电网孤网运行状态，需事先设想一整套紧急处理方案。本书侧重于为微电网孤岛情况下稳定运行提供可行性方案。

　　本书共7章，包括简介、分布式发电模式、微型发电和微型电网的概念及模型、微电网紧急控制策略、孤岛和黑启动状态下的微电网紧急控制策略评估、孤岛微电网稳定性评估、结论。

　　本书可供电力生产运行部门、科研院所、电力设备供应商等工作人员参考，也可作为高校相关专业师生参考用书。

图书在版编目（CIP）数据

　　微电网紧急工况下的运行与控制/（西）莫雷拉（Moreira，C.）著；蒋雷海译. —北京：中国电力出版社，2016.5

　　书名原文：Microgrids：Operation and Control Under Emergency

　　ISBN 978-7-5123-8813-0

　　Ⅰ.①微…　Ⅱ.①莫…　②蒋…　Ⅲ.①电网-电力系统运行
Ⅳ.①TM727

　　中国版本图书馆CIP数据核字（2016）第012239号
　　北京市版权局著作权合同登记
　　图字：01-2014-5734号
　　ISBN：978-3-659-21515-5

Publication of this translation in consultation with OmniScriptum GmbH & Co. KG. 此翻译书的出版已与 OmniScriptum GmbH & Co. KG 蹉商约定。

中国电力出版社出版、发行
（北京市东城区北京站西街19号　100005　http://www.cepp.sgcc.com.cn）
汇鑫印务有限公司印刷
各地新华书店经售

*

2016年5月第一版　2016年5月北京第一次印刷
710毫米×1000毫米　16开本　12.25印张　228千字
印数0001—3000册　定价 65.00 元

译者序

　　微电网技术很好地解决了分布式中小型电源的应用问题，为风、太阳能等可再生能源发电的大规模应用找到了出路，适应了新能源的发展方向，是未来电网发展的重点之一。其概念自 1999 年问世以来，经过十多年的发展，在欧美日等地区获得了大量的应用验证，技术逐步成熟，已具备商业化应用的条件。2012 年以前，中国因缺乏市场发展的内在动力，技术沉淀较少，整体上处于技术跟随状态。为快速跟进和掌握该领域最新技术，提升国有技术和产品的市场竞争力，计划引进该领域最新科技著作。

　　Microgrids: Operation and Control Under Emergency 一书是 2011 年之前欧洲微电网运行和控制技术阶段性发展成果的总结。该书对微电网的概念及可靠运行的必要条件进行了归纳和总结，并在如何建模和分析微电网系统方面进行了探索。该书提出的分布式电源接入方法、微电网并网和离网运行控制、微电网在配电网黑启动中的潜在能力等，都获得了仿真验证支持，具有良好的运用前景。

　　希望该书的引进可以对国内相关领域的发展起到促进作用。

译　者

2015 年于南京

摘　要

本书介绍了微电网的概念,以及各种新型电力系统运行所需的必要条件。微电网是低压配电网的一部分,包含分布式能源(微型电源)、储能设备及可控负荷,在通信系统的支持下,与先进的管理和控制系统协调工作。微电网最突出的特点是既可以并网工作,也可以孤岛运行,可以将两种运行方式有效地结合在一起。为应对微电网孤网运行状态,需事先设想一整套紧急处理方案。本书侧重于为微电网孤岛情况下稳定运行提供可行性方案。推荐紧急控制措施包含了不同类型逆变器的控制模式,具备电压、频率紧急控制功能,可以确保孤岛运行时系统的稳定性,并不降低用户的供电质量。这些控制策略在制定过程中综合考虑了微电网的特点,尤其是不同种类微型电源的反馈特性。

为充分挖掘微电网的发电潜能,本书就如何在低压电网中进行快速黑启动进行了探讨和研究。本书提供的快速黑启动方法,有利于减少故障停电时间,提升供配电网可靠性水平,减少用户停电次数。微电网黑启动过程要求遵循一定的行动顺序,恢复过程中还需对每个执行步骤所需条件的具体情况进行监测。电压和频率的控制方法以及必要的储能设备,是低压电网故障恢复过程中确保系统稳定和维持恢复系统安全运行的必要因素。

目 录

插 图 清 单

表 格 清 单

名　词　缩　写

AFC Alkaline Fuel Cell 碱性燃料电池

AI   Artificial Intelligence 人工智能

BoP Balance of Plant 电厂平衡/发电平衡

BS   Black Start 黑启动

BTU British Thermal Unit 英热单位（一种热量单位）

CHP Combined Heat and Power 热电联产

CERTS Consortium for Electric Reliability and Technology Solutions
     电力可靠性技术解决方案联合会

CPM Critical Path Method 关键路径法

DSM Demand Side Management 需求侧管理

DMFC Direct Methanol Fuel Cell 直接式甲醇燃料电池

DER Distributed Energy Resources 分布式能源

DG Distributed Generation 分布式发电

DMS Distributed Management System 配电管理系统

DNO Distributed Network Operator 配电网调度员

Emf Electromotive force 电动势

EMS Energy Management System 能量管理系统

EU   European Union 欧盟

FP   Framework Program 框架计划

GAST Gas Turbine 汽轮机

GHG Greenhouse Gases 温室气体

IGBT Insulated Gate Bipolar Transistor 绝缘栅双极晶闸管

IGCT Integrated Gate Commutated Thyristors 集成门极换流晶闸管

CIRED International Conference on Electricity Distribution 国际配电会议

LC   Load Controller 负荷控制器

LV   Low Voltage 低压

MPP Maximum Power Point 最大功率点

MPPT Maximum Power Point Tracker 最大功率点追踪器

MSE Mean Square Error 均方差

MV Medium Voltage 中压

MG Microgrid 微电网

MGCC   Microgrid Central Controller   微电网集中控制器

MCFC   Molten Carbonate Fuel Cell   熔融碳酸盐燃料电池

MMO   Multi Master Operation   多管理操作

OLTC   On Load Tap Changer   有载调压器

OECD   Organisation for Economic Cooperation and Development
经济合作发展组织

PMSG   Permanent Magnet Synchronous Generator   永磁同步发电机

PAFC   Phosphoric Acid Fuel Cell   磷酸燃料电池

PV   Photovoltaic   光电

PCC   Point of Common Coupling   公共耦合点

PEMFC   Polymer Electrolyte Membrane Fuel Cell   聚合物电解质膜燃料电池

PLC   Power Line Communication   电力线载波通信

PERT   Program Evaluation and Review Technique   规划评审技术

PI   Proportional Integral   比例积分

PWM   Pulse With Modulation   脉冲调制

RE   Relative Mean Squared Error   相对均方差

RES   Renewable Energy Sources   可再生能源

RMSE   Root Mean Squared Error   均方根误差

SCR   Silicon Controlled Rectifier   可控硅整流器

SMO   Single Master Operation   单主控操作

SOFC   Solid Oxide Fuel Cell   固体氧化物燃料电池

SCADA   Supervisory Control and Data Acquisition   监控与数据采集

VTG   Vehicle to Grid   电动汽车并网

VSI   Voltage Source Inverter   电压源逆变器

1 简　介

1.1　背　景　和　目　的

基于规模效应经济概念的电力系统发电方式已有 50 多年的发展历史，其基础是大规模的集中式发电（水电厂、火电厂和核电厂）和远距离输电技术。这种发电模式导致许多国家能源供应链过多依赖进口化石燃料或核材料。根据美国政府能源部门统计报告预测，按照当前的能源政策发展，2005～2030 年，全球能源消耗量将增加 50%，即从 2005 年的 462 千万亿 BTU（英热单位，1BTU≈1055 焦耳）发展到 2015 年的 563 千万亿 BTU 和 2030 年的 695 千万亿 BTU；发电量将从 2005 年的 17.3TkW·h 增长到 2015 年的 24.4TkW·h 和 2030 年的 33.3TkW·h，发电量几乎翻一番。该报告还预测，非经济发展合作组织（Organisation for Economic Cooperation and Development，OECD）国家的发电量将保持 4% 的年增长率，OECD 成员国将保持 1.3% 的年增长率[1]。欧盟（European union，EU）内部能源需求将持续增长，未来 25 年，进口燃料将增长 50%～70%，或更少[2]。

越来越多国家的能源需求增长将依赖进口燃料，国际政治的稳定性将直接影响其国内基本能源价格和安全。此外，不断增长的环保意识和气候变化问题也将影响一些国家的能源利用模式。事实上，能源已成为各国社会经济发展的基础，能源短缺将显著影响亿万人民的经济发展和社会福利。化石燃料和核材料供应的安全性、经济的可持续发展、气候变化等已成为一个国家制定能源政策的重要考虑因素。受这些因素的驱动，欧盟制定了一系列宏伟目标[3]：

（1）到 2020 年，削减温室气体（Greenhouse Gases，GHG）排放量 20%；

（2）到 2020 年，提高能源效率 20%；

（3）到 2020 年，将可再生能源应用比例提升至 20%。

发展分布式发电（Distributed Generation，DG）和可再生能源发电技术是确保目标实现的关键手段。分布式发电和可再生能源（Renewable Energy Sources，RES）涵盖了一系列技术（风电、光伏发电、燃料电池、微型燃气轮机，以及一系列最新的应用组合），并适合用户现场应用。同时，为实现有关宏伟目标，电网必须做好大规模应用和吸纳这些新兴技术的准备。大规模的分布式发电应用将改变集中发电模式，有利于环境友好型技术的消纳。这种发展模式将终结集中发电的统治地位，会对电力领域产生深远的影响。在新型模式下，合理开发分布式电源有助于运营商获得下述收益：

（1）延缓输配电系统的投资；

（2）减少配电损耗；

（3）提升电网支持和辅助服务。

近年来，电力系统面临大量分布式发电资源接入中压（Medium Voltage，MV）配电网的难题。最新的技术发展已将具备某些特性的分布式发电解决方案可靠地应用到了低压（Low Voltage，LV）配电网中。这些分布式发电单元应用小型模块化发电设备，额定容量小于 100kW，大多数采用电力电子设备并网接口，并应用热电联产（Combined Heat and Power，CHP）方式提供可再生能源或化石燃料的应用率。这种微型电源包括微型燃气轮机、燃料电池、太阳能电池板、微小型风机、储能设备（包括电池、飞轮、超级电容器）等设备。

大规模分布式发电接入配电网后，若干技术问题必须有效解决，包括电压控制、稳态情况下的输电拥堵程度、短路电流和保护系统评估、系统稳定性评估及可能的孤岛运行等[4]。为应对以上技术问题和实现分布式发电的预期效益，有必要发展分布式电源、负荷及储能设备的协调运行和控制策略。解决这些问题的有效手段之一就是发展微电网（Microgrid，MG）技术。微电网指拥有小型发电模块（微型电源）、储能设备、可控负荷，既可以和主电网联网运行，也可以孤岛运行的低压配电网。

根据欧盟第五、第六框架计划（Framework Plan，FP），欧盟将在大规模应用分布式能源（Distributed Energy Sources，DER）基础上重新定义欧盟未来电网架构，维持或提高系统稳定性的研究也将陆续展开。在欧盟第五框架计划下的"Integration of Renewable Energies and Distributed Generation in European Electricity Networks"（《欧洲电网可再生能源及分布式发电接入》）行动纲领指导下顺利完成的一些研究项目，可视为发展新型电网行动的开端[5]。其中微电网项目（微电网：低压电网的微型发电大规模接入，合同号 ENK5-CT-2002-00610），是欧盟范围内第一个深入研究微电网的项目[6]。

微电网概念是配电网接入大量微型电源后的自然演变。当代电力工业中，为确保有竞争力的发电商对输电网的应用权，世界各地普遍将过去集中管理的电力系统分割成发电、输电和配电等部分。微电网将引领下一步的电网变革，因为其更加强调决策的扁平化，并带给用户更清晰的市场化体验。这一阶段的变革不仅涉及电力供应企业的重构，还将影响电网的规模、位置及电力生产的归属权。通过开发低压配电网的微电网功能，将给配网运营商和终端用户带来如下好处：

（1）基于分布式发电和可再生能源的微电网排放量小，在减少配网损耗的同时可显著减少温室气体排放。

（2）微电网中的微型燃气轮机及燃料电池系统适用于高效的热电联产应用。开发可再生能源和热电联产应用将有效降低对进口化石燃料的依赖，从而增加能源安全性。

（3）微电网使大规模的热电联产应用成为可能，可将能源利用效率提升至集中式发电所无法企及的水平。微电网使用户同时成为热能和电能的生产者和消费者，这种灵活性有利于对用户负责的更加高效的发电模式的发展。

（4）在用户侧，微电网在外部系统故障时可以脱离主电网独立运行的特点，能够显著提升其用电可靠性。

微电网的设计和运行需要解决大量的技术和非技术问题，尤其是和运行、控制及安全相关的问题。在欧洲微电网项目中，通过下述课题的研究，对有关问题的解决进行了探索[6]：

（1）研究了微电网的设计和运行，以提升可再生能源和其他微型电源在系统中的应用比率。

（2）开发和展示了微电网运行、管理和控制策略，使其可以满足用户需求和技术条件要求（基于电压和频率的限制条件），以高效、可靠及经济方式输送电能。

（3）定义了微电网运行的经济优点，并提供系统方法和工具对这些优点进行量化分析，以制定相应的监管政策。

（4）定义了适当的保护和接地系统方案，确保系统运行安全，并具备故障识别、隔离和孤岛运行能力。

（5）确定满足微电网需求的通信构架和通信规约。

（6）通过实验模型模拟并展示微电网运行概念。

（7）在配网馈线终端建立微电网示范工程。

与传统分布式发电接入配电网的"安装即忘记"管理政策不同，微电网要求积极的分布式发电接入政策，以有效控制和协调方式，进一步开发分布式发电的潜在优势。这样，低压微电网将成为消纳分布式电源和展示积极有效管理策略的平台。随着积极管理策略在配电网中的应用，欧盟在第七框架计划中开始聚焦智能电网（Smart Energy Network），并视其为分布式能源接入研究和技术的自然演进[7]。该领域研究目的是将欧盟电网转变为（用户和供应商间）互动式服务网络，提升效率和可靠性，并为大规模分布式能源的开发和并网消除技术壁垒。

1.2　主　要　内　容

微电网的成功设计和运行，尤其是孤岛运行设想，需要研究和开发专用控制功能。与传统同步发电机组相比，采用电力电子接口设备的燃料电池、光伏电池、微型燃气机组、储能设备等电源设备，具有很多新特点。由这些电源构建的电力系统，动态特性表现为惯性常数低，一些微型电源对控制信号响应迟缓，与传统系统相比差异巨大。为了展示微电网概念的可行性，尤其是孤岛运行的可行性，本书的研究内容将集中在如下几方面：

（1）为各类微型电源和储能设备以及电力电子接口设备开发和选择合适的仿真模型。对微型电源和储能设备动态特性的深刻认识，是识别适用于电网的非集中式控制策略，实现系统向孤岛运行状态无缝切换的关键。

（2）开发微电网孤岛运行紧急控制功能。在微电网孤岛运行期间，由于一些微型电源对控制信号反应缓慢，惯性常数小，负荷跟踪问题突出。拥有大量微型电源的系统为满足孤岛运行要求，需配置一定数量的储能设备，以确保孤岛转换过程中的功率平衡。所开发的控制策略将有效综合储能设备的快速响应、负荷减载机制及可控微型电源的二次调频功能等。

（3）开发黑启动功能。如果系统故障引发了停电事故，微电网没有被成功隔离，且中压系统在规定时间内没有恢复，则系统恢复的第一步就是进行当地的黑启动。有关策略将涉及微电网运行体系，包括如何挖掘当地的发电潜力，以确保系统快速恢复。

（4）开发微电网稳定性评估工具。当地发电资源的动态响应能力是保持孤岛微电网同步运行的基础，但微电网能否成功转入孤岛运行还取决于解列前微电网内部的发用电组合情况。在一些条件下，为确保微电网孤岛运行时的生存能力，需针对可控负荷或电源实施减载或压出力措施。

关于分布式发电并网问题，过去几年中配电网供电公司一直遵循"安装即忘记"策略。但系统真正需要的并网策略，是用户和供电公司都能从不断提升的分布式发电渗透率中获得潜在收益。本书介绍的微电网概念，是一种先进的方法，有助于开发分布式电源的潜在优势，并使之服务于配电网。在本书中，微电网将被视为分布式资源（微型电源和可控负荷）的集合，可以与主网联网运行，也可以孤岛运行。微电网的主要功能之一就是可以实现从联网状态无缝切换到孤岛运行状态，在主网恢复供电之前确保关键负荷可靠用电。在系统故障时，包含分布式电源和电力负荷的微电网能自动脱离主网，形成电网孤岛，免受系统故障影响。

1.3　本书的章节结构

根据研究内容，本书分为 7 章和 2 个附录。

第 1 章简要阐明微电网面临的主要问题及若干方向和目标。

第 2 章介绍分布式发电的概念，以及分布式发电大规模应用的驱动因素。简单介绍微电网中常用微型电源，以及各类微型电源技术的主要特征。分布式发电应用带给传统电网的冲击和影响也在本章做了简单描述。

第3章介绍微电网概念及其控制结构。讨论和阐述不同种类微型电源的动态模型细节和相应的电力电子接口模型。该部分内容是构建仿真计算平台的基础，最后将用于支持微电网无缝切换至孤岛运行控制策略有效性的仿真验证。

第4章将阐述和讨论微电网转入孤岛运行状态过程中面临的特殊运行和控制问题。根据微电网特点，对适用于微电网孤岛运行的控制策略进行甄别和讨论。逐一讨论可用于微电网黑启动并转入孤岛运行状态的控制策略，以及恢复过程所应遵循的规则和条件。

第5章通过大量数字仿真结果，揭示推荐控制策略对各种系统工况的适应性。

第6章介绍微电网稳定性评估工具的开发情况，为微电网能否成功过渡到孤岛运行状态提供评估手段。

第7章对有关研究成果进行总结，并对课题未来发展方向进行探讨。

附录A介绍相关课题仿真系统试验数据和不同种类微型发电技术的动态模型参数。

附录B介绍基于 Matlab®/Simulink® 环境开发的微电网动态仿真平台。

2 分布式发电模式

2.1 简　　介

在过去几十年里，电力系统的设计、发展和运行，基本遵循层次化结构方案，电能传输方向一般从高电压到低电压，如图 2-1 所示。在大型发电厂生产的电能，通过高压互联输电网，送到负荷中心附近的变电站，经降压变压器降压后，经低压配电网最终到达用户终端。在整个输电网中，输电线路可以简单分为三级，即高压输电线路、中压配电线路和低压配电线路，其中高压输电线路连接高压枢纽变电站，中压配电线路连接高压枢纽变电站和区域配电变电站，低压配电线路连接配电变电站和终端用户。

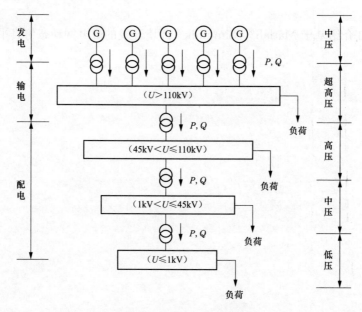

图 2-1　传统电力系统结构

传统电网的上述结构具有如下优点[8]：

（1）大型机组能源转化效率高。在传统集中式发电模式中，能源转化效率的统计数据更新缓慢。由于目前多数大型发电机组的寿命都超过了 20 年，其能源转化效率一般在 28% ～ 35%。相比之下，新近投入运行的小型发电机组的能源转化效率可达 40%～50%。但由于这些统计数据背后的技术水平存在巨大差异，并不能真实反映大型发电机组和小型发电机组间的优劣关系。实际上，在相同技术水平下，大型机组的整体效率要高于小型机组[9]。

（2）有利于运行和管理。高压互联输电网有利于电能的大容量远距离传输，并且损耗较小。同时，大容量互联电网可减少系统储备，确保廉价机组随时参与发电调度。大规模集中式发电和紧密连接的输电网，有利于系统稳定运行。

（3）配电侧运行简单。电能从高压变电站到中低压变电站单一流动方向，简化了配网的设计和运维管理。

但传统电网存在的不足之处如下[8]：

（1）生产和消费中心间距离远。传统电力系统结构中，电力生产和消费中心间距离远，需造价昂贵的大型输电网进行连接。远距离大容量输电方式，本身也增加了能量损耗。

（2）环境影响。传统发电模式，多用煤、核或其他化石燃料进行发电，对环境影响较大。不过，随着环境友好型技术的发展，如联合燃气发电机组的应用，传统发电技术正在被逐步取代。

（3）系统可靠性存在隐患。在一个层次化的电力系统中，监管政策和经济利益等结构性问题导致的投资不足，会使电厂或输电网建设和更新缓慢，这将对系统整体稳定性产生严重影响，易使微小的高压系统扰动问题影响大量低压系统网络。

20 世纪 90 年代初，传统电力系统结构开始面临多种挑战。受利益驱动，以分布式发电单元为主体的各类电源接入配电网需求的不断增长，即是挑战之一。分布式发电的兴起，引起了运营商、规划者、潜在发展商、政策制定者等的多方关注，也成为各国政府实现 CO_2 减排目标、促进能源多元化的重要手段。

目前正在进行的电力市场化，是对电力生产工业的重构。其将传统上一体化垂直管理的系统按功能进行了拆分，形成发电、输电、配电等不同活动主体，以确保网络接入的开放性，形成有效的竞争机制，便于用户选择最佳供应商。这种演变过程，有利于实现电力市场自由化，充分发挥分布式发电的优势，促使各国政府大力提升分布式发电的应用比例。该部分内容将在 2.3 节详细讨论。

最新技术的发展，也为分布式发电更好适应现场需求提供了条件。如微型燃气机组、燃料电池等，在终端用户发电市场中有很大的应用潜力。一些新兴分布式小型发电技术的特点将在 2.4 节阐述。

从技术角度看，随着分布式发电在系统电源中所占比例的不断提升，将对配电网带来一系列的影响，包括电压特性的改变、短路容量的增加、谐波扰动的增大、运行稳定性、运维安全、孤岛运行等。这些问题是分布式电源接入配电网带来的必然结果，将在 2.5 节详细阐述。事实上，当分布式电源容量较小时，对配电网的影响可以忽略，也不会引起运营商的关注。但近年来分布式发电比例的迅速增长，迫使运营商不得不正视有关情况，并开始研究相关现象。

2.2　分布式发电概念

分布式发电（又称嵌入式发电或分散式发电）在电力工业中的应用已日趋普遍，但至今仍无一个普遍认可的概念定义。1999 年的 CIRED 调查问卷[10]证实了这一现状。调查问卷显示，一些国家根据电压水平定义分布式发电，而另一些国家则将直接连接在终端用户供电回路中的电源统称为分布式发电。还有一些国家基于一些特征定义分布式发电，这些特征包括利用可再生能源发电、联合发电、不需要集中调度或规划等。下面一些文献反映了不同分布式发电定义间的区别：

（1）Dondi 等人[11]将分布式发电定义为小型发电设施或储能设备，容量在几千瓦到几十兆瓦之间，位于负荷中心附近，不属于集中式发电的一部分。其还对分布式发电设备的种类进行了清晰分类，并作为有关概念的一部分：生物质能发电机、混合发电机组、集中式太阳能发电系统、燃料电池、风力发电机、微型燃气轮机、引擎/发电机组、小型水电厂、储能技术等。并且假设这些发电设备既可在联网大系统中运行，也可在孤立电网中运行。

（2）Ackerman 等人[12]根据自己的见解，从多个侧面对分布式发电进行了定义，希望给出分布式发电概念准确的解释。有关内容包括分布式发电的目的、位置、容量、电力输送区域、技术、环境影响、运行方式、所有权和市场占有率等，同时还强调，前两点内容在分布式发电定义中最为重要。在作者观点中，分布式发电的目的仅用于供应有功功率，不需要提供无功功率；分布式发电单元应直接接入配电网，或在电力终端用户电表接入处并网，形成所谓的分布式电网。分布式电源容量不是关键指标，其最大容量应根据电力系统的具体特点而定。根据分布式电源容量（S_n）对其进行等级划分的推荐标准为：

1）微型分布式电源为 $1W < S_n < 5kW$；

2）小型分布式电源为 $5kW \leqslant S_n < 5MW$；

3）中型分布式电源为 $5MW \leqslant S_n < 50MW$；

4）大型分布式电源为 $50MW \leqslant S_n < 300MW$。

（3）Willis 和 Scott[9]等人将电力系统中广为存在的、容量为 $15kW \sim 10MW$ 的发电机组定义为分布式发电。他们吸取了 Dondi 等人的观点，认为分布式发电单元既可在大系统中运行（直接接入配电网或在用户侧接入），也可在孤立电网中运行。此外，他们还用"分散发电"概念来描述分布在居民或小型商业中心的发电设备，这些发电设备的容量多在 $10 \sim 250kW$。

（4）Jenkins 等人[4]推荐的分布式发电概念没有关注发电机容量、接入点的电压等级或分布式发电的相关技术，其重点描述了分布式发电的通用特征，以及如何区分分布式发电单元。分布式发电单元的主要特征包括：

1）非供电公司统一规划；

2）不集中调度；

3）发电容量一般小于 50～100MW；

4）通常接入配电网。

（5）国际能源局[13]将分布式发电定义为为当地用户服务，或支持配电网运行的发电厂，并通过配电网接入系统。国际能源局还对分布式发电单元的类型进行了细分[13]。

从上述文献综述中的有关定义可知，学术界在如何划分分布式电源容量方面存在巨大分歧。当然，宽泛的容量定义可以为分布式发电的体系结构提供更多的解释空间。如部分定义将接入输电网的大规模风电资源列入分布式发电范畴，而一些定义仅包含接入配电网的小容量发电单元。用户侧发电厂普遍被定义为分布式发电单元，由于其容量变化范围大，使分布式电源容量的定义变得更加宽泛，并具备直接接入输电网的可能性。

根据分布式发电的有关定义，将图 2-1 所示传统电力系统结构进行调整，增加分布式发电环节后的系统结构图如图 2-2 所示。这种改变对传统电力系统结构最大的影响是，在没有电源接入规划的网络节点处接入了发电单元。换句话说，

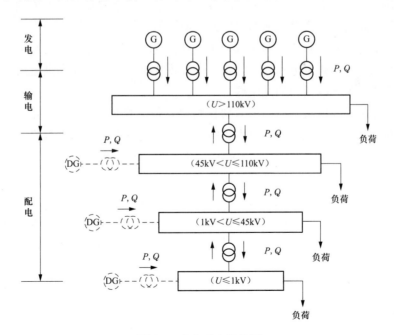

图 2-2　分布式电源并网

在传统的配电网中，不存在电源接入问题，其运行管理也仅考虑了电能的单向流动问题，即从变电站流向终端用户。但在配电网中增加了分布式发电单元后，有关模式将发生根本改变。

分布式发电概念中提到的发电活动将被限定在低压电网中，尤其是低压配电网。关于并网技术的定义，可以相当宽泛。但受低压电网吸纳电能技术的限制，分布式电源的容量应在几十千瓦以下。为满足低压电网接纳小容量分布式发电单元相关需求，有关发电单元多选择微型电源或微型发电机组，相关技术特征将在2.4节展开讨论。

2.2.1 电力系统发电模式的变革

前面章节对分布式电源接入系统进行了简单介绍。近年来，随着技术的发展，分布式发电问题已不能再孤立考虑，而应放在更加广阔的背景中进行讨论，如需综合考虑储能设备和/或可控负荷响应等[14]。有关问题通常被打包在分布式能源（Distributed Energy Resources，DER）课题之下进行研究，其在未来将不可避免地影响电力公司的能源策略。同时，为了确保未来电网可靠、灵活、高效的电能供应，需综合利用集中式发电和分布式能源的优点。在过去几年中，分布式发电持续发展并以消极方式接入电网，且仅能提供不可控电源服务，积累了大量的问题，限制了更多分布式电源的接入。当前的分布式发电政策依然以"安装即忘记"为原则，并视其为能源供应链中消极组成部分。然而未来的配电网，将会面对越来越多的分布式电源接入问题，这就要求采取更加积极的配电网管理理念，协调利用分布式发电和储能设备，提升系统整体效率，提高供电质量和运行环境，营造一个充满活力的配电网。

未来分布式发电接入电网的效费比将严重依赖规划和运行活动的有效管理，与当前的"安装即忘记"原则有本质的区别。深度应用有效管理策略，可使配网运营商（Distributed Network Operator，DNO）充分利用当前运行和规划理念中尚未采用的各类监视和控制变量，最大限度地开发和利用现有线路资源，实现功能需求。通过开发分布式能源，可以实现需求侧管理（Demand Side Management，DSM）、分布式电源有功无功调度、变压器分接头调整、电压调节和系统重构等多种功能的综合应用[14]。未来的配电管理系统（Distribution Management Systems，DMS）通过与电网关键节点上的发电控制、负荷及可控设备（如无功补偿设备、电压调节器、有载调压变压器）间的通信联系，可以实现对电网的实时监控。通过积极管理理念应用策略的实施，可在不增加投资的条件下，提高配电网接纳分布式电源容量限值。为了控制分布式发电接入配电网的效费比，需大量采用新型运行和管理策略，有效开发利用各类有用资源[15]。

2.2.2 分布式发电和自治及非自治微电网形态

　　分布式发电入网的发展趋势是，允许终端用户开发利用分布式能源满足用电需求，并可以将生产的富裕电力输送至电网，以满足电网的正常运行需求。从某种意义上讲，微电网可以定义为小型电网，构成部分包括负荷、分布式电源、通信设施及合理的管理控制系统[16-20]。此处"小型电网"的含义非常宽泛，其在与大型互联输电系统概念做对比时显得尤为突出。

　　在一些情况下，采用分布式电源可以实现微电网自治运行，即微电网从主网隔离后，可以在孤岛状态下持续运行，犹如建造在偏远岛屿上的独立电网（见图 2-3）。这种思想为配电网指定区域在特殊情况下（如电网故障或按计划检修时）按预设策略与上游主电网安全解列提供了可能性。孤岛运行和微电网的概念在电力行业尚属新兴事物，学术界还没给出清晰的科学定义。一些学者认为微电网可以在中压电网中实现[17,18]，另一些则认为其仅适用于低压电网，且该系统的装机总容量应低于 1MW[16,19]。本书讨论的自治微电网形态，充分挖掘了低压电网中微型电源的发电能力，属于概念创新，有关内容将在第 3 章中具体介绍。拥有分布式发电单元的低压配电网的一个突出特点，是同时具备联网运行和孤岛运行的能力。这种理念是分布式电源大量并网后的自然演进，要求提供创新性控制结构，以配合积极管理策略的实施，发挥系统整体运行优势，确保用户侧供电可靠性。

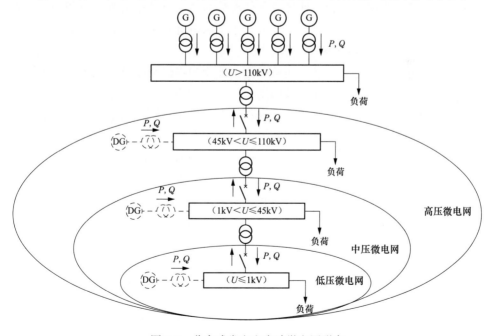

图 2-3　分布式发电和自治微电网形态

2.3　分布式发电增长的主要动力

根据 CIRED 各成员国 1999 年的调研统计[10]，分布式发电增长的动力有多个方面原因，主要包括商业因素、竞争政策、政府环保意识增强后对可再生能源的支持等。调查显示，业界对分布式发电兴趣的增长，与配电网运营商的利益和诉求没有直接关系。但随着新政策的出台，配电网运营商将成为分布式发电诸多领域开发利用的利益相关者，有关内容将在后面章节中详述[14]。

2.3.1　环境问题

当今社会越来越关注各类工业活动对环境的影响，电力板块更是重点关注对象之一。根据《京都议定书》要求，各国均应采取环境友好型政策，减少温室气体（Green House Gas，GHG）的排放。寻找更清洁、更高效的能源，是制定新政策的驱动力[21]。由于分布式电源可以为当地用户直接提供有功功率，当分布式电源大规模应用后，可以显著减少来自传统电厂的供电需求。同时，分布式电源减少了功率在系统内的传输，有助于降低电能传输损耗，从而可进一步压缩传统发电规模。除上述两方面因素外，最新分布式发电技术使每兆瓦时发电量对应的温室气体排放量低于传统发电方式，从而有助于降低整个电力行业温室气体排放水平。因此，有必要加大一些环境友好型分布式发电技术的推广应用力度，如可再生能源（风、阳光、生物质、垃圾、小型水电等）发电、高效能的热电联产（Combined Heat and Power，CHP）技术等。

除提供电能外，分布式发电还可以为当地用户提供关联供热服务。热电联产机组利用发电设备余热为工业或其他用户提供热能服务，就是提高能源整体利用效率的典型技术。与传统集中式化石燃料发电或专用化石燃料加热系统相比，在用户侧应用热电联产机组，效率更高[13]。

为满足不断增长的电力需求，电力产能和输配电基础设施均需得到同步加强。然而大型电厂和输电线路建设几乎总会招致环保组织和社会的强烈反对。当综合考虑社会公共舆论因素后，分布式发电不失为一种可行的替代投资方案：由于新建电源更靠近负荷用户，可减少不必要的线路分支建设，还可减少集中式发电量[22]。

2.3.2　商业经济因素

近年来，电力系统存在电网结构和管理扁平化发展趋势，配电网接入日渐开放，有利于分布式发电的发展[4]。此外，高度竞争的市场环境，为用户选择对自己最有利的电力供应服务创造了条件。与此同时，电力市场自由化的发电技术的商业化水平也得到了显著提升，如燃料电池和微型燃气轮机技术等。由于这些电源的技术特点符合分布式发电应用的需求，可以满足一些用户的特殊需要，扩大市场选择空间。因此，分布式发电被电力市场供应商视为潜力巨大且易于开发的工具，以便其在不断发展变化的市场中寻找机遇和风险的平衡关系。与传统发电模式相比，分布式发电在建设过程中表现出了高度灵活性，可充分适应各类市场环境需求，还可有效降低建设周期和建设成本[13,14,20]。分布式发电的这种市场特性，以及其接入电力系统后包含的潜在价值，对电力企业、用户和监管机构至关重要。在开放的市场环境中，分布式发电的需求激励应来自其接入电网后带来的真实受益，而不是政府的激励政策或补贴[22]。在开放的电力市场中，分布式发电应用可以带来的潜在积极影响主要包括：

（1）增加系统可靠性。目前越来越多的用户要求提高供电可靠性，尤其是高科技企业，电力故障有可能会对其造成巨大损失。2000 年和 2001 年美国加州电力危机期间爆发的轮流停电事件，刺激了分布式发电的发展，也激发了用分布式发电稳定电力系统运行的有关思想[8]。分布式发电有利于减少电力中断次数和停电时间，当采用分布式电源的区域电网可以在大系统故障后进入孤岛运行状态时，效益更为明显[23-25]。分布式发电带来的孤岛运行能力不但使用户受惠，也将惠及分布式发电的业主和电力运营商：用户的受益体现在主系统故障导致的停电时间将会缩短；分布式发电业主的利益是孤岛运行时可以向电网送出更多的电力，还可获得电力运营商为确保其可靠供电而发放的补贴；电力运行商的受益主要来自供电可靠性的提升，可减少因供电质量不达标而被迫支付的赔偿金。

（2）备用容量和调峰。目前，许多建筑物中的紧急备用电源设备在系统正常运行时不能投入运行。若允许该部分电源并网运行，尤其是在用电高峰时接入系统，则可满足一定比例的高峰用电需求[26,27]。在美国，由于不断增长的电力需求，系统的备用容量存量不断受到挤压，多地面临计划停电的困境，这类备用电源已经开始受到重视。一种可能的解决方案是不断挖掘各类分布式发电技术的可行性，抑制不断飙升的高峰用电费用，解决配电网输电拥堵问题[28]。分布式发电单元的效率和经济性可能会比集中式发电差，但其靠近用户，可以节约输电成本，以及输配电网建设成本，而该部分费用是电力成本的主要组成部分。因此，分布式发电能够降低输配电成本，解决配电网可靠性瓶颈，并以较低的价格提供更加优质的供电服务[9]。

（3）替代电力基础设施更新和扩张。分布式发电可以吸纳负荷增长需求，减轻输配电设备过负荷，从而避免输配电线路、变电站和发电厂的新增或扩建[22,29,30]。分布式发电是一种综合性技术，除传统电网中的扩容概念外，还需考虑分布式电源的开发问题。文献 [22] 介绍了一种如何量化评估分布式发电的延迟价值的技术方案，其中供电公司获得的受益按现金流的时间成本核算。该文献结论中指出，当分布式电源位于长距离馈线末端的负荷附近时，其延迟价值最为明显。

（4）提供辅助服务。满足电网安全可靠运行所需的辅助服务，过去和将来一段时间内仍将由连接在高压输电系统上的集中式发电厂所主导。随着分布式发电在配电网中的出现，其将促进有关运行机制的转变，使分布式发电在辅助服务领域承担相关责任。如果针对分布式发电的管理策略不更新，仍停留在传统的认识领域，即其仅是必要的电源补充，是集中式发电的部分替代，不考虑必要的控制策略，将增大系统的整体运行成本。此外，参与必要的辅助服务，也有助于提升分布式发电项目的经济效益。与分布式发电相关的辅助服务包括无功支持、电压控制、（基于调度员的）发电控制响应、参与频率调节、提高电能质量（电压闪烁、有源滤波和故障引发的电压跌落等）等[14,28,31]。

（5）降低批发市场电价。分布式发电的大规模应用，将对电力批发市场价格形成冲击，以往的电力市场价格由市场整体需求和电力生产商竞标价格博弈决定。文献［27］中推荐了一种由用户所有，但为实现能量管理目的，受供电公司集中管理程序控制的互动式备用电源应用方式。其目的是为供电公司电力供应体系寻找额外的能源补充，并为供电公司和备用电源拥有者提供新的利益和市场机遇。根据分析，这种应用模式将对电力市场价格形成冲击，导致电价降低。通过加拿大安大略省电力市场分析，发现每 100MW 的互动式备用电源在用电高峰时可节省电费 60000 美元/h，降低电力批发市场高峰用电电价 2.7 美分/MW。

（6）降低电力输配损耗。分布式发电带来的显著影响之一就是可以降低配电网的网络损耗[30,32-34]。监管机构通过激励政策，鼓励配电公司降低网损，提高经济效率。根据有关激励政策，配电公司可以通过降低网络损耗，享受监管机构公布的标准网损率和其实际网损率间差异带来的补贴，其网损率越低，收益越明显[30,33]。例如，在西班牙，配电公司先在批发市场上购买电网损耗，其中电网损耗定义为电网注入电量和用户侧销售电量之差；用户在缴纳用电费用时，根据监管机构规定的标准网损率，向供电公司缴纳电力输送网络损失费。这就意味着，对配电公司而言，其从电力批发市场上购买的是真实的网络损耗，但却仅能以固定标准接受赔偿。分布式发电将对接入系统的输电损失产生影响，将直接影响配电公司的盈利模式[33]。为此，在用户侧分布式发电模型中，文献［35，36］在讨论降低网损方法时，曾考虑根据分布式发电对降低网损的贡献情况采取不同激励政策。

2.3.3　国家/调控政策因素

环境保护、社会发展和经济繁荣是持续发展的基本组成部分，为实现各类目标，一个可靠的能源供应系统至关重要。为确保能源的持续和安全，应不断探索提高能源效率的新途径，开发和利用新能源，并需要公共政策的协调配合。几十年前发生的石油危机以及石油储备枯竭的预测，迫使各国政府采取应对政策，降低对外部资源的依赖。可预见的政策之一是寻求初级能源的多元化，通过制定专项调节政策，促进可再生能源的应用，以获得可持续且更加安全的能源组合结构。分布式发电是实现安全和可持续发展能源政策的有效手段，原因如下[14]：

（1）在系统中的分散性是分布式发电的固有特性。由于分布式发电靠近用户侧，容量相对较小，某一电源故障对系统造成的影响比传统电厂或大容量输电设备小，有利于系统的安全可靠运行。

（2）技术和能源的多样性。大量的化石燃料资源多分布在政治环境不稳定地区，在可靠控制方面存在很大的不确定性，增加了发电风险性。可再生能源的应用，可以减少部分国家对外部化石燃料的依赖，增大能源供给系统的控制力度。

2.4　不同类型的分布式发电技术

前文简单介绍了分布式发电并网给电力工业运行模式带来的影响、分布式发电的概念、形成自治和非自治微电网的可能性以及影响分布式发电并网的主要因素。本节将重点介绍各类分布式发电技术的特点及其在系统中的主要应用。在一些分布式发电技术中，包含了许多传统的发电设备，如往复式发电机、燃气和汽轮机、微型水轮机和风力发电机等。这些技术多用于大规模发电场合，一般接入中压配电网或高压电网。本书将重点介绍接入低压配电网的小容量分布式发电技术，传统的发电设备及有关技术介绍请参考文献 [8，9，37]。

近年来的科技进步，促进了一系列新型分布式发电技术，即"微型电源"的发展，主要包括燃料电池、微型燃气轮机、微型风机、光伏电池板等。采用这些技术的电源容量一般小于 100kW，且适于接入低压配电网。除了这些微型电源外，储能设备也可支持分布式发电的应用。本书讨论的储能设备应用和系统动态行为有关。储能设备可以作为能量的缓冲工具，解决扰动过程中系统对暂态能量的部分需求，有关内容将在第 4 章介绍。下面章节将介绍不同类别微型发电技术的主要特征。

2.4.1　燃料电池

燃料电池是电化类设备，可以将其内部各类燃料直接转化成电能。其他种类的发电技术多涉及中间转化过程：各类燃料先转化为热能，然后再转化为机械能，驱动发电机发电。就效率而言，燃料电池的发电效率接近 60%，是传统内燃机发电技术的 2 倍[38,39]。在负荷特性方面，与传统发电技术相比，燃料电池的表现也十分优越。并且与燃气或汽轮机不同，在一些负荷条件下，其效率还可能增加。燃料电池系统的负荷效率曲线相对平稳，可以满足一定范围内的负荷波动需求[40]。燃料电池受电化特性影响，对负荷的暂态变化响应迟钝，稳态性突出。燃料电池技术种类众多，可用燃料包括天然气、丙烷、页岩气、柴油、甲醇、氢气等。燃料的多样性，有助于避免某类能源的短缺影响燃料电池技术的发展。

　　除了一些突出优点外，燃料电池系统的缺点也十分明显。燃料电池系统初期应用成本高昂，是传统燃料系统的 2～10 倍，严重阻碍了它的大规模应用[9]。此外，燃料电池技术还处于发展阶段，尚无大规模商业化应用经验，多数系统仍处于示范应用阶段。燃料电池的性能在整个寿命周期中呈下降趋势，且其性能下降原因尚未完全研究清楚[38]。与其他分布式发电技术对燃料纯度不敏感的状况不同，燃料电池技术要求应用燃料的纯度非常高，需要配套的燃料清洁和过滤技术及设备支持。燃料电池系统需要专业维护，从业人员受限，将增加系统运维成本[9]。

2.4.1.1　燃料电池系统

　　燃料电池的基本单元结构如图 2-4 所示[38,41]。燃料电池基本单元实现了化学能向电能的直接转化。在每个电池基本单元内，都包含一个正极、一个负极和电解质层。其中正极位于燃料和电解质之间，催化燃料的电解反应，并为电子通过外部回路流向负荷提供通道。整个电池的反应过程分为两个步骤：阳极的氧化反应和阴极的还原反应。氧化反应过程中氢原子分解为质子和电子，还原反应过程中氧原子分解后和经过薄膜系统的质子和从外回路返回的电子相结合，最终变成水。

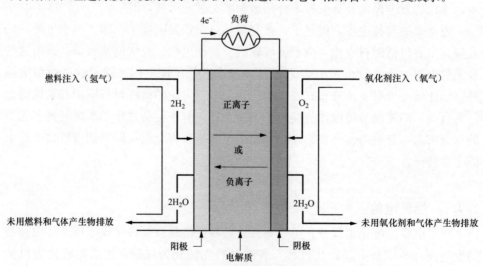

图 2-4　燃料电池基本单元结构示意图

阴极为氧气和电解质提供联系界面，并为氧化反应提供催化功能，为自由电子流经外部回路返回氧化电极提供通路。电解质是离子型介质（呈现非导电性），起隔离作用，防止氢、氧分子的直接混合和反应，并为离子在两个电极间移动提供通路。

发电时，电子经外部回路流动，离子经电解质和化学物质流进和流出两个电极。每个过程均存在一定自然阻抗，因此会降低电池单元的理论工作电动势。其结果是部分化学能量最终转化为热能，可在热电联产中加以利用。

由于电池基本单元输电能非常小，在实际应用中需将众多单元聚集起来，以满足应用对电压和能量水平的具体要求。除电池堆外，在实际应用中，燃料电池系统还需其他子系统和元件的支持，一般将这些子系统统称为电厂平衡（Balance of Plant，BoP）子系统，如图2-5所示[38,41]。由于燃料电池需要氢气，其来源受限，燃料电池系统必须考虑燃料处理过程，即生产过程（将原材料处理成富氢气体）、提纯过程和温度调节过程。由于空气在电池堆中作氧化剂，故对其供应要求比较苛刻。空气系统要包含压缩、鼓动和过滤环节。高气压可以提高电池系统的转化效率，故应考虑一定水平的空气压力。但在压缩空气过程中，又会消化一定能量，因此会降低发电系统的整体效率。同时，在低负载情况下，压缩机的效率也很低。电池堆在化学反应过程中会产生部分热能，热量管理系统需对电池堆温度进行调节，并综合利用各个环节产生的热能，其过程如图2-5所示。水不但是燃料电池的构成部分，同时还是燃料电池化学反应的中间产物。为避免水的过量供给，确保电池系统的平稳运行，在多数燃料电池系统中，水管理子系统也不可或缺。此外，由于燃料电池系统输出的是直流电，为实现发电系统联网，需配置逆变设备。

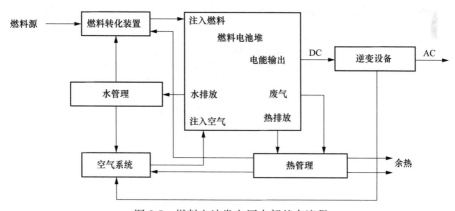

图2-5　燃料电池发电厂内部基本流程

2.4.1.2　燃料电池种类

在目前分布式发电应用过程中，共涉及5种燃料电池类型，每类电池单元均使用不同的电解质，运行的温度特征差异明显[38,41,42]。其中，聚合物电解质膜燃料电池（Polymer Electrolyte Membrane Fuel Cell，PEMFC）和磷酸燃料电池（Phosphoric Acid Fuel Cell，PAFC）采用酸性电解质，并依赖于 H^+ 的移动，因此也归类为质子传导燃料电池。直接式甲醇燃料电池（Direct Methanol Fuel Cell，DMFC）也可归为此类，其是 PEMFC 电池，并以甲烷或酒精为燃料。另两种类型，碱性燃料电池（Alkaline Fuel Cell，AFC）和熔融碳酸盐燃料电池（Molten Carbonate Fuel Cell，MCFC）的电解质分别依赖于 OH^- 和 CO_3^{2-} 的转移。第 5 类电池单元，固体氧化物燃料电池（Solid Oxide Fuel Cell，SOFC）采用固态陶瓷电解质，依赖于 O^{2-} 的移动。表 2-1 对几种基本类型燃料电池进行了简述[43]，有关电池的其他信息可参见文献 [38]。

表 2-1　　　　　　　　　　　　　主要燃料电池概述

工作温度	电池堆类型	描　述
低温燃料电池	AFC	碱性燃料电池。AFC 是太空中广泛应用的第一款电池。其电解质包含了不同浓度的氢氧化钾，工作温度也有差异。以纯氢气为燃料，工作温度为 65～220℃
	PEMFC	聚合物电解质膜燃料电池。PEMFC 的电解质是一层固态聚合物，该聚合物允许质子从一个电极迁移到另一个电极。该类电池对运行温度和湿度要求严格。由于应用材料的特殊性，PEMFC 的工作温度要求低于 100℃，一般为 40～80℃
	DMFC	直接式甲醇燃料电池。DMFC 是 PEMFC 类型电池的一种，用甲烷替代了氢气，可为阳极提供氢离子，并通过 PEM 电解质为阴极提供质子。由于固态电解质材料的改进，该类电池的运行温度从 60℃ 提升到了 120℃
	PAFC	磷酸燃料电池。PAFC 是最成熟的燃料电池技术。它采用 100％浓度的硫酸电解质和碳化硅电极。由于运行温度较高（典型温度在 150～220℃ 之间），该类电池可用于联合发电
高温燃料电池	MCFC	熔融碳酸盐燃料电池。MCFC 运行温度很高，可达 650℃。在该温度下，碱金属碳酸盐为电解质混合液提供用于交换的 CO_3^{2-}。MCFC 类电池效率高，燃料种类多，已成为综合利用热能和电能的最佳候选产品
	SOFC	固体氧化物燃料电池。SOFC 采用陶瓷电解质（如氧化皓），运行温度很高（典型值为 600～1000℃），可用燃料种类众多。与 MCFC 类似，SOFC 对运行环境要求高，多用在发电厂。高温运行条件为其在热电联产应用提供了机会，如对汽轮发电机高温尾气的综合利用等，可显著提高发电效率

2.4.2　微型燃气轮机

微型燃气轮机技术的发展，得益于近年来小型发电厂和燃气引擎技术的研究和发展，以及自 20 世纪 50 年代就开始起步的涡轮增压和商业航空发动机辅助系统的成熟。相关领域几十年的应用经验，为微型燃气轮机部件的制造和工程应用

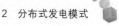

奠定了良好的基础。

2.4.2.1 微型燃气轮机技术现状及应用

微型燃气轮机是小型的燃气发电机，发电容量为 30～400kW，使用气体或液态燃料[44,45]。微型燃气轮机有两种常用配置方式：单轴式设计和双轴式设计。在单轴式设计中（见图 2-6），压缩机、膨胀涡轮机和发电机共用高速转子。微型燃气轮机的额定转速范围比较宽（50000～12000r/min），可以适应各类负荷水平的需要，并保持较高的发电效率和长期运行的可靠性。发电机一般采用变速永磁同步发电机（Permanent Magnet Synchronous Generator，PMSG），其产生的高频交流电在送往输电线路之前，需经逆变器转变成工频电能。单轴微型燃气轮机（Single Shaft Microturbine，SSMT）启动时，发电机先以电动机模式运行，带动透平-压缩机轴加速旋转，直到转速到达燃烧过程可以启动并持续工作为止。在微型燃气轮机离网工作时，电池储能系统将为电动机启动过程提供电力[46]。

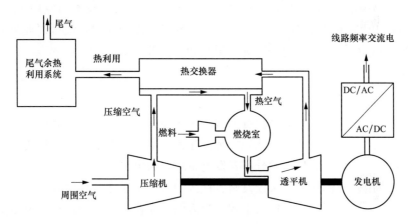

图 2-6　单轴微型燃气轮机系统

双轴微型燃气轮机有两个透平机：一个用于驱动共轴的压缩机，另一个用于驱动同轴的发电机。压缩机共轴透平机尾气将再次进入发电机共轴透平机，为其提供动力。同时，发电机共轴透平机排出的尾气将进入热交换器，加热来自压缩机的高压气体。双轴微型燃气轮机可以保持低速运行。发电透平机通过齿轮变速箱连接传统发电机，产生的工频交流电可以直接输送到电网[45,47]。

微型燃气轮机工作原理为热布雷顿循环，如图 2-6 所示。周围空气在进入燃烧室之前，经压缩机和热交换器变成恒温恒压气体。其中热交换器的热量来源于透平机废气。恒压高温气体在燃烧室中和燃料按易燃比例混合后点燃，形成高压气体，驱动透平机，带动共轴的压缩机和发电机工作。在回路增加热交换器是一种通用做法，可以充分利用透平机废气中携带的热量，预热进入燃烧室的空气，从而提高系统整体效率[45,46]。不采用热交换器的微型燃气轮机的效率约为 15％，比同尺寸的内燃机效率还要低，但增加热交换器后，其效率提升近一倍。增加热交换器的价格昂贵，但其提升微型燃气轮机效率明显，而且应用广泛，应该是有价值的[46]。

目前全球不同厂商已可以生产多种微型燃气轮机，可用燃料非常广泛，包括天然气、生物气、柴油、煤油、丙烷等。通过一些创新性燃烧技术的应用，尤其是透平机的低进气温度和低燃料-空气混合比等将降低 NO_x、CO 和未燃烧碳氢化合物的排放，在以天然气为燃料的应用中尤其明显。从机械角度看，微型燃气轮机没有往复运动部件，不需要频繁更换润滑剂，其很好地利用了空气承载和冷却技术，彻底摒弃了有害液体润滑剂和冷却剂，定期维护工作已降至极低水平[44,46]。

微型燃气轮机由于低排放、少维护的特点，在多种应用中被视为可靠的电能和热源。同时，由于其接入方式灵活，可以用并联方式为大型热能和电力负荷提供能量。微型燃气轮机在调峰、激励供电、电网支持和偏远地区供电等方面的应用也十分有吸引力。作为单纯发电技术的补充，热电联产技术的应用令人期待。如在商业、工业和居民设施中，热电联产在提供电能的同时，还可以充分利用清洁高热尾气进行加热、吸冷、除湿、烘焙和干燥等[44]。

2.4.3　光伏电池

由于高能量密度，光伏电池首先被应用于美国的太空计划，此后光伏电池转化的能量逐渐成为卫星的重要能源。现在光伏发电技术在陆地上已广为应用，涵盖偏远地区供电和供电公司的分布式发电系统，为世界各地许多人解决了供电服务难题，应用领域包括卫生医疗设施、社区中心、水净化和传输等。在工业化国家，光伏发电系统开始大量接入电网，为居民、商业和供电公司提供电力支撑服务[48]。

2.4.3.1　基本工作原理

光伏设备通常称为太阳能电池，是一种半导体设备，可实现光能向电能的直接转化。其通常由硅和不同电子特性的半导体涂层构成。在一个典型的硅电池中，硅和少量的硼混合后，形成具有正极性的 P 型层。其上覆层为含磷混合物，可形成具有负极性的 N 型层。两者共同构成一对 PN 结，其间的导电层称为联结层。当光束通过半导体材料时，光粒子轰击材料原子，将能量传达给电子，使之摆脱质子能量束缚，成为自由移动的电子。失去电子后的质子（称为空穴），可在传导层中自由移动，但移动方向和电子相反。电子和空穴的反向运动，在半导体内形成电流。当半导体有外接导线时，该电流便可流向外部导体，不断释放由光粒子形成的电子-空穴对积累起来的能量，形成持续的电能输出。通过半导体晶体两区域间形成的电场，可以将新生的电子-空穴对分开，避免其再次融合，并使电子和空穴朝相反方向流动，从而在电场方向形成电流[48,49]。

2.4.3.2　光伏电池模块和阵列

光伏系统的基本构建模块是太阳能电池单元。通过阳光照射，每平方厘米大小的太阳能电池单元可以产生 $0.5\sim1V$ 的电压、几十毫安的短路电流。这种规模的电压/电流对大多数应用场合都不适用。故需将太阳能电池单元进行串、并联封装，形成电池模块，达到可以实际应用的电压/电流规模，如图 2-7 所示。

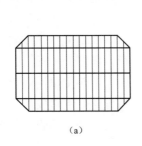

(a)

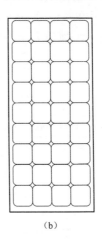

(b)

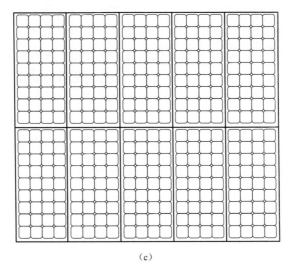

(c)

图 2-7　光伏电池组构建的光伏模块和阵列

（a）光伏电池单元；（b）光伏模块；（c）光伏阵列

电池模块还可进一步串联或并联，满足特定电流和电压应用的需要。这种排列应用的太阳能电池模块常被称为光伏阵列、光伏发电设备或光伏电池板[48]。最终，光伏系统发出的直流电，将通过电力电子接口设备转化为交流电。

2.4.3.3 光伏系统结构

除光伏模块阵列外，一个完整的光伏系统还包含传输、控制、换流、分配、储能等环节。这些环节将因系统的具体功能和运行需求而异，主要设备可能包括交直流逆变器、电池组、系统和电池控制器、辅助电源等，有时还包括特殊用电负荷。

光伏系统通常根据功能和运行要求、设备配置、接入其他电源或负荷的方式等进行分类。其中两个主要分类为联网光伏系统和离网光伏系统[50]。离网光伏系统不接入主电网，规模大小由具体应用中的直流或交流负荷确定。该类系统不是本书讨论的重点。

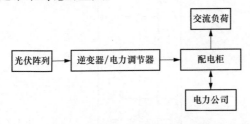

图 2-8 联网光伏系统结构框图

联网光伏系统将与主电网并网运行，如图 2-8 所示。在联网光伏系统中，其与主电网间需设置一个双向接口设备，一般安装在现场配电柜或服务入口处。该设备使光伏系统产生的电能既可供应当地负荷需求，也可在能量有冗余时上送电网系统[50]。

若配置了储能设备，则光伏发电系统既可在联网状态下运行，也可以在电网故障后继续为受保护负荷供电（见图 2-9）。在正常情况下，光伏系统运行在联网状态下，为当地负荷供电，或将多余的发电量上送电网系统，并保持储能设备处于满充状态。当电网发生故障并失去电力后，逆变器中的控制开关动作，切断光伏系统和电网的连接，并通过母线切换机制，将储能设备从充电状态转入供电状态，保持重要负荷供电不受影响。在这种配置模式下，重要负荷必须接在专用母线上[50]。

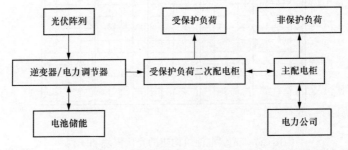

图 2-9 包含储能设备和受保护负荷的联网系统电能供应框图

2.4.4　微小型风力发电机

近年来风电发展取得了显著成效，大批公用事业规模级风电场建设成功，其中安装的风力发电机额定容量从几百千瓦至 5MW 不等。关于大型风力发电机和控制技术信息，可参考文献［51］。而小型（额定容量小于 100kW）和微型（额定容量小于 5kW）风力发电机已有数十年的应用经验，为远离主电网的偏远地区供电做出了很大贡献，其在并网工程中应用也很广泛[52]。与光伏系统相似，微小型风力发电机也是用户实现减污减排承诺的选择之一，还有助于国家降低对化石燃料和核燃料的依赖。风力发电机容量一般根据用电需求和可用风资源情况进行选择，适于农场和家庭应用的风力发电机额定容量为 1～25kW。

许多微型风力发电机设计成屋顶安装方式，充分体现了用户和设计者的个性需求。这类应用需考虑的主要问题包括噪声水平、运行可靠性、最小化视觉影响及与安全要求兼容性（结构及电气方面）等。屋顶安装型风力发电机为现场发电应用提供了契机，同时有利于风力发电机在距地面更远的高空获取更大的转速。但在市区内，由于环境干扰因素比空旷区域多，微型风力发电机的设计需考虑更多的负面影响因素。因此，设计者开发了不同类型的风力发电机，以适应不同环境的需要。当前市场中主要应用的风力发电机可归纳为三类[53]：

（1）水平轴风力发电机。该类风力发电机叶桨围绕一个水平轴转动，外形酷似传统风车，是目前应用最为广泛的机种。

（2）垂直轴风力发电机。该类风力发电机叶桨围绕垂直安装的轴转动。该类设计适应于屋顶安装应用，对周围风力的变化和干扰适应能力强，比水平轴风力发电机表现更好。

（3）建筑物增强型风力发电机。该类风力发电机设计时充分利用了建筑物对风的聚集效应。

2.4.4.1　水平轴风力发电机

在各类微小型风力发电机中，现仅介绍应用最广泛的水平轴风力发电机。水平轴风力发电机构成部件主要包括固定透平机的旋翼、转子、发电机、主机舱及尾舵。该类风机通常设计为双叶片或三叶片轮桨结构。相比而言，三叶片结构效率更高，运行更平稳[52,54]。风机叶桨通常用合成玻璃丝制成，机械强度适中。

风力发电机中的发电机是专用产品。其中永磁型风力发电机因不像直流发电机一样需要电刷，或像其他同步发电机一样需要专用励磁系统，应用最为广泛。在多数永磁型微小风力发电机中，发电机的转子和旋翼直接固定在一起，使得发电机产生的交流电频率和电压随外界风速的变化而改变。因此，其输出的电能将首先被整流成直流电，用于储能系统充电，或再次通过逆变器转变成电网频率的电能，输送给电网。透平机和发电机的直接耦合设计，减少了易损齿轮箱连接环节及其相关的维护工作，可靠性得到了明显提升，成本也大幅降低。而在大容量风力发电机中，由于旋翼转速慢，齿轮箱常用于提升发电机转轴速度。在不同容量的微小型风力发电机中，这两类设计结构均有应用。

风力发电机的叶片被控制在与风向垂直的位置上，有利于最大程度地利用风能。为此风力发电机需增加偏向轴，跟踪风向变化[54]。这个机构含有一个尾舵，可以调节转轴指向顺应风向。在风速比较高的情况下，通过控制系统限制旋翼转速和发电机输出功率，可以确保系统安全。可靠的关停机制对风力发电机非常重要，如可在风暴等恶劣天气情况下实现安全停机，或在运行维护时方便开展工作。

2.4.5 储能设备

储能设备和分布式发电技术的融合，是分布式发电资源在协调客户用电和电网需求过程中的自然进化。储能技术还可用于提升服务质量，帮助重要客户渡过停电难关，或改善敏感负荷的电能质量（电压跌落补偿等）。关于储能技术，针对不同应用目的，有大量的解决方案可供选择[9]：

（1）电池组储能。

（2）电容器储能。

（3）超导体电磁储能。

（4）机械储能：

1）飞轮；

2）抽取和压缩流体。

除电容器储能外，其他类型的储能方法均包含了电能向其他形式能量转化的过程（机械能、热能、化学能等），在需要其释放能量时，再执行一次相反的能量转化。根据储能系统的种类和应用目的的特殊要求，可以将其应用分为 4 大类[55]：

（1）偏远地区低功率支持，尤其是用于终端用户的紧急供电。

（2）孤网地区中等功率支持（独立的电网系统或小城镇供电系统）。

（3）联网系统调峰。

（4）电能质量控制。

前两类应用中的能量规模较小，可以实现的方法有飞轮系统动能储能、压缩空气系统、超级电容器、用于燃料电池的氧气存储等，其他种类方法可参见文献 [55]。短时小容量储能系统，与微电网应用关系比较密切的技术有电池组、超级电容器和飞轮储能系统，后续章节将对有关内容进行简要介绍。

2.4.5.1 电池组

目前常用的电池有铅酸电池、镍铬电池、镍合金电池、锂离子电池、钠硫电池等，各电池的特性可参考文献［9］。在电池中，通常含有一个或多个最基本的电化学单元模块，这些单元模块通过串、并联组合，构成了满足一定电流和电压要求的电池模块。电池可以将构成材料中的化学能直接转化为电能，工作原理涉及电化学中氧化还原反应，反应过程存在电子从一种原材料经导电回路转移到另一种原材料的现象。电池完成电化学反应需以下三部分，如图 2-10 所示：

（1）阳极，又称负极，向外回路释放电子，在电化学反应过程中发生氧化反应。

（2）阴极，又称正极，接受外回路流通过来的电子，在电化学反应过程中发生还原反应。

（3）电解液，是电子传导的媒介，呈离子状态，处于阴极和阳极间。

当电池单元连接外部负载时（放电状态，如图 2-10 所示），电子从阳极流出（阳极被氧化）后经外部负载到达阴极，阴极不断吸收电子并发生还原反应。在电解液中，阴离子（负离子）和阳离子（正离子）分别向阳极和阴极流动，从而构成一个完整的闭合电路。对于可充电电池而言，在充电过程中，电流反向流动，正电极发生氧化反应，负电极发生还原反应，过程如图 2-11 所示。

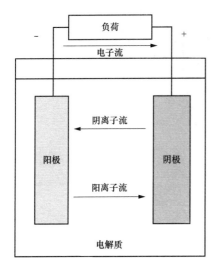

图 2-10　电池基本单元电化学反应
过程——放电模式

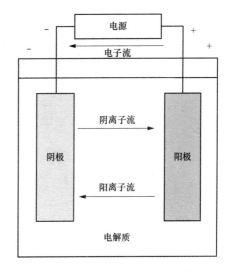

图 2-11　电池基本单元电化学
反应过程——充电模式

各类电池的主要问题是其寿命周期内的可充放电次数。目前普遍存在的现象是，随着充放电次数的增加，电池的可用容量呈下降趋势。原因是放电过程中发生化学反应的物质，在充电过程中不能被完全还原，导致电解液纯度不断降低，电极逐渐受到损害，电池单元在分子水平上甚至会遭受永久损伤[9,56]。此外，电池在使用过程中的过度充放电行为，也是导致其寿命降低的一个重要原因。如工业生产中常用的铅酸电池，其设计充放电次数很高，但仅能承受数百次深度充放电。但若每次充放电程度不超过电池额定容量的一半，其寿命可显著延长。

2.4.5.2 超级电容器

从技术角度看，超级电容器和电池类似，也是一种电化学结构设备，拥有两个多孔电极层及将其包裹的电解质。超级电容器的电极层由活性炭制成，电解质多采用氢氧化钾或硫酸钾。与传统电容器相比，采用液态电解质和多孔状电极，可显著增大活性表面，增大电容器容量。超级电容器其他解决方案和相关技术，可参考文献［57］。电化学超级电容器的典型结构如图 2-12 所示。这种结构安排相当于在两个电极侧分别构造了一个电容器，然后再串联在一起。电解质相当于连接两个电容器的导体，同时充当了两个电容器内部的传导介质[58]。

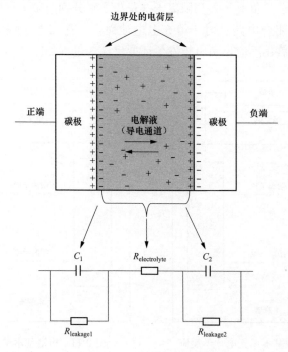

图 2-12　电化学超级电容器

电化学电池由于技术先进，可在很小的体积和质量内存储巨大的能量，即能量密度高，在许多场合中获得到了应用。但充放电次数和生命周期有限是其缺点。由于缺乏必要的替代产品，在许多应用中，出于经济和技术考虑，会允许电池技术的这种缺点[58]。一些特殊场合需要电能的临时存储，并在短时间内进行大功率释放，从而促进了脉冲类电池技术的发展，但在一定程度上电池的寿命和能量密度均有所降低。现在超级电容器因存储容量大、寿命长，已逐渐取代了脉冲类电池，获得了越来越广泛的应用。超级电容器性能稳定，经过百万次充放电后，充电容量和内阻特性仅有 20％左右的变化。此外，超级电容器充电时间短，可以在数秒钟或几分之一秒内完成充电任务，且充放电效率比电池高——相比铅酸电池 20％～30％的充放电损失率，超级电容器的充放电损失率仅为 10％左右。但与电池相比，低能量密度和高造价也是其缺点，限制了其大规模推广应用，目前多用于小能量需求场合[57,58]。

作为短期储能应用设备，超级电容器可以很好地支持燃料电池或微型燃气轮机的供电服务，能够平抑周期在 10～30s 之间的负荷波动。在这类应用中，超级电容器作为缓冲器，可以在负荷切除或投入过程中，有效支持燃料电池或微型燃气轮机工作点的调整。超级电容器还可与电池组配合工作，构成不间断电源，其中超级电容器负责应对供电的短时中断或电压跌落情况，电池组则为负荷提供长期供电支持。

2.4.5.3　飞轮储能系统

飞轮将动能存储在旋转物体中，其存储能量的大小与物体的质量（惯性）、旋转部分几何形状及转速有关，表达式如下

$$E = \frac{1}{2}J\omega^2 \tag{2-1}$$

式中　E——动能（J）；

　　　J——惯性常数（kg·m^2）；

　　　ω——角速度（rad/s）。

考虑电力行业的应用需求，尤其是改善电能质量的应用目的，早期飞轮系统采用钢轮和发电机/电动机直接耦合结构，以增大系统惯性，提升储能水平，延长系统在电网扰动时的工作时间。然而，这类结构的飞轮系统在额定负荷下仅能工作 1s 左右，释放的动能仅为储能总量的 5％左右。进一步提升其持续工作时间非常困难，因为随着系统输出能量的增多，发电机系统的转速将下降，输出电能的频率也随之下降，将影响系统的电能质量[59]。随着电力电子技术的发展，通过在发电系统中增加整流和逆变设备，可解决该问题。通过设计方案改进，可以使飞轮系统储存动能的输出额达到总量的 75％左右，从而大幅延长系统工作

时间。

通过有效利用复合材料和电力电子技术，新型飞轮系统的运行速度更高，系统储能明显提升，能量密度显著增加[60]。通过复合材料的应用，飞轮系统的工作转速已达到 60000r/min。为减少空气摩擦损失，需将高速飞轮封装到真空环境中。同样，在如此高的转速下，机械轴系将因巨大的摩擦损耗而无法正常使用，只能用电磁式承载系统取而代之。在电磁式承载系统中，其和飞轮转轴无物理连接点，无运动部件，不需要润滑系统。其主要靠电磁斥力承载飞轮重量，并受复杂控制系统调节[60,61]。

在飞轮系统中，将储存动能的旋转体连接到一个 PMSG 上。PMSG 既可工作在电动机状态，为旋转体加速，也可工作在发电机状态，将旋转体中储存的动能转化为可变交流电[60,61]。飞轮储能系统如图 2-13 所示。在充电过程中（存储动能过程），飞轮系统从电网中吸收电能，并通过电力电子设备以适当方式驱动 PMSG（工作在电动机状态）为飞轮加速。在放电过程中，储存在飞轮中的动能被 PMSG（工作在发电机状态）转化为电能，飞轮系统转速下降。由于飞轮系统输出电能的频率不断变化，需要电力电子逆变器将其转变为满足负荷或电网需求的电能。

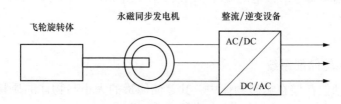

图 2-13　飞轮储能系统

飞轮储能设备可用于频繁充放电场所，如改善工业电能质量或运输系统等，但不适于长时间供电[59,61]。在电能质量应用中，飞轮系统主要用于消除持续时间不超过 1s 的系统扰动事件对负荷的影响，如电压跌落等。有备用发电机在线支持情况下，飞轮储能也可以为负荷提供数十秒的供电服务。在该类应用中，化学电池曾是首选，但飞轮储能的优势主要体现在两个方面：一是飞轮系统的充放电次数和放电深度几乎没有关系，而化学电池则深受影响；二是飞轮系统的储能状态和飞轮的转速直接相关，易于监测，而化学电池的储能状态则很难判断[61]。与超级电容器相比，飞轮储能的优点是容量大、能量密度高。由于飞轮系统自放电特点显著，在低功率（小于 100kW）应用场合中，超级电容器的效费比更高。而在大功率应用场合中，飞轮系统容量大、能量密度高的特点可被有效利用，技术优势突出[62]。

2.5 分布式发电接入配电网的技术挑战

分布式电源不断接入中压和低压配电网，引发了许多新问题，其中一些不乏挑战性。原因是配电网在初始设计时，并未考虑分布式电源接入问题，尤其是功率流向问题。配电网原来仅考虑了从变电站到用户的单方向功率流动，而随着分布式电源的出现，这种情况将发生转变。分布式电源接入配电网，不但会改变潮流分配的大小，也将改变潮流的方向。为了克服分布式电源接入带来的影响，解决有关技术问题，曾提出了多种积极管理概念，有关内容在前文中已提及。但目前多数文献讨论的技术解决方案仅集中在问题的具体方面，缺乏系统性整体解决思路。分布式电源接入后，需要评估的技术环节包括：

(1) 电压分布；

(2) 稳态和短路电流；

(3) 配电网保护体系；

(4) 电能质量；

(5) 稳定性；

(6) 电网运行；

(7) 孤岛过程和孤岛运行。

2.5.1 电压分布

正常（稳态）运行情况下，配电网各处电压均被控制在最高和最低限值之间的某一理想运行点上。图 2-14 所示为辐射式配电网馈线电压典型分布情况。从图中可以看出，通过中/低压变压器的调节，即使在最大负荷状态下，也可确保线路末端用户电压处于可接受范围[4]。图 2-14 中几个关键点的含义如下：

A：通过高/中压配电变压器触头调节，维持电压恒定；

A-B：中压馈线因负荷原因出现电压跌落；

B-C：通过中/低压配电变压器触头调节，提升电压水平；

C-D：中/低压配电变压器内压降；

D-E：低压馈线受负荷影响出现电压跌落。

分布式电源接入配电网后，由于功率注入，将改变配电网电压分布。轻载线路中，单位容量的分布式电源接入后，在馈线回路上引起的电压变化量 ΔU 为[4]

$$\Delta U = \frac{PR + XQ}{U} \tag{2-2}$$

式中　U——线路正常电压；

　　　P——分布式电源注入的有功功率；

Q——分布式电源注入的无功功率；

R——线路电阻；

X——线路电抗；

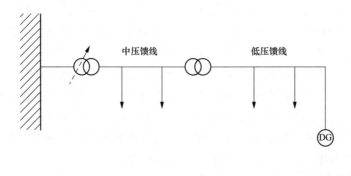

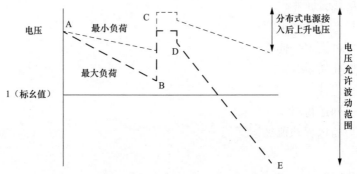

图 2-14　辐射状配电网馈线电压典型分布情况

从式（2-2）可知，有功功率和无功功率的注入，都会改变电网中电压的大小。与无分布式电源接入时相比，分布式电源接入后将使电网电压升高。这种影响因电网局部需求引起，对改善配电网电压跌落有益。

分布式电源接入配电网后的最终影响，取决于以下因素：

（1）分布式电源供应的有功功率和无功功率；

（2）分布式电源供应的有功功率和吸收的无功功率；

（3）分布式电源供应有功功率的功率因数。

电压和无功控制是配电网运行的重要内容，要求掌握分布式电源的具体技术情况，以及其对电压和无功调节的影响。事实上，电压升高影响，是分布式电源接入配电网的一个关键制约因素。允许接入配电网的分布式电源最大容量，目前多基于可能运行工况下最苛刻运行条件进行计算：变电站电压处于最高水平，负荷最小，分布式电源处于最大出力状态[63,64]等。这种定性原则主要用于评估间歇性分布式电源可接入最大容量，如风力发电等。但这种方法仅消极地考虑了配电网运行需求，没有考虑分布式电源的控制活动。虽然各类极端情况同时发生的概率非常低，却是影响分布式电源可接入最大容量的瓶颈。通过概率论方法，如负荷潮流统计、蒙特卡洛模拟等，可以避免极端情况的束缚，有效评估和确定分布式电源接入的影响[65]。与概率分析类似，基于模糊逻辑概念的建模方法，也可有效应对大规模分布式电源接入引发的各类不确定情况，或因数据缺乏等导致的特征量缺失情况。在这方面，模糊集理论已成为电力系统若干领域的有效分析理论[66]。模糊逻辑概念主要用于处理传统潮流分析中的一些不确定数据（节点电压、发电机的有功功率和无功功率、有功和无功潮流、电流和损耗等），并评估这些不确定节点数据带来的影响。

为了克服配电网调度员消极运行思想对分布式电源接入容量的限制，建议采用积极管理策略控制电压升高问题，尽可能提高可接入分布式电源容量[63,67]。文献［63］，提出并比较了3种最大容量风电接入配电网的方案，按接入容量递增对这3种方案进行排队，并分别描述如下：

（1）对电源有功输出进行剪裁，线路轻载时减少有功输出。

（2）增加无功补偿设备，吸收无功功率。当无功补偿设备无法将电压限制在允许范围内时，再压缩发电出力。该方法在降低无功水平的同时，将增大系统的网损。

（3）采用有载调压，对电压进行协调控制。一般情况下电压控制策略很简单，仅基于单一电压参数或进一步考虑线路负荷状态，确定变电站电压运行水平。作者研究了区域电压控制方法（在分布式电源接入点，协调应用有载调压和电压控制），以促进配电网接入功率的最大化。

与电压协调控制策略相一致，文献［67］提出了电压自动控制器设计方案，以实现风力发电接入的最大化。该控制器的基础是一套电压状态评估设备，通过分布在配网母线和重要负荷的测量终端，实时测量节点电压状态，并估算未安置测量终端的母线和负荷的电压状态，建立伪测量值，从而形成系统电压全景图。根据节点电压幅值和控制算法，控制器自动调整有载调压变压器运行挡位。

在考虑分布式电源接入最大容量时，除电压升高影响限制外，还应考虑分布式电源能够在多大程度上为馈线终端提供电压支撑[68,69]。根据配电网实际需求，利用分布式电源进行电压控制和无功支持，使在配电网层面上提供增值服务成为可能。这种思想的实现，要求配网系统具备必要的通信能力，并配备积极的管理策略。充分利用新型控制器和控制策略，协调高/中压变电站中有载调压、电容器组，以及分布式电源和配网中的无功交换，分布式发电为配电网电压和无功控制带来了好处。但这些创新过程距配电公司的实践应用还有很大的差距。配电公司也认识到了分布式电源在电压和无功支持方面的好处，并尝试制定激励和监管政策，鼓励根据电网需求注入或吸收无功。然而，在缺乏有效通信系统和专用电网控制器条件下，该策略不具备实施可能性[8]。

2.5.2 稳态和短路电流

分布式电源提供的功率将增大配电网回路电流，影响取决于分布式电源接入点及其容量。它与前文提到的分布式发电延迟效益带来的潜在好处相矛盾。在一些情况下，为了消纳大容量的分布式发电容量，还需增加额外投资，更新配电网。

在故障状态下，分布式电源同样会在网络中贡献故障电流。故障电流时常是大规模分布式电源接入现有配电网的一个阻碍因素。其原因是在早期设计方案中，配电网的上游系统提供的短路电流已经接近系统的允许上限。这样，即使很小容量分布式电源的接入，也可能会影响故障电流的大小，在某些不利情况下超越故障电流允许上限[70]。众所周知，故障电流是确定一些关键设备型号的重要参数（如断路器额定值，变压器的发热和机械承受水平，母线和电缆等），还决定着保护定值，以及保护系统中不同类型保护间的配置关系。

分布式电源贡献的故障电流与其采用技术及并网方式有直接关系（如旋转电机是直接连接到电网系统，还是通过电力电子设备进行耦合）。同步和异步电机对短路电流的贡献在有关文献中有详细介绍。同步发电机对故障电流的贡献取决于故障前电压、发电机的次暂态和暂态电抗及励磁系统的特点。感应发电机只要励磁电流存在，就可贡献故障电流。其影响一般考虑几个周波，大小取决于故障前电压和发电机的次暂态电抗。对于采用电力电子设备接口的分布式电源，由于电力电子设备的 U-I 特性呈现非线性，在故障后 $2\sim60$ 个周波时间内，故障电流特征表现不确定，即电力电子接口设备的具体表现受控制策略直接影响。文献[71]介绍了一种仿真技术，以评估采用电力电子接口设备并网的分布式电源在系统故障时对短路电流的影响。文献[70，72]则采用简化模式，认为通过逆变器贡献的故障电流恒定，在一定时间内可以保持为额定电流的 k 倍，直到分布式电源保护系统动作并将其从主系统隔离。故障电流系数 k 的典型值为 1.5（逆变器的过电流能力），通过逆变器的升级设计，可达到 4。故障电流可持续时间受逆变器制约，与其保护设置及抗故障穿越电流设计有关。

2.5.3 配电网保护体系

分布式发电接入配电网，可能会影响原有保护系统的正常运行。传统上，配电网是辐射状网络，因潮流的单向流动，允许采用过电流保护方式。但分布式发电接入后，有关情况将发生变化。分布式发电的接入，将改变网络潮流流向，需要重新校核电网和分布式电源间的保护协调问题。特殊情况下，保护系统的敏感性和选择性的整体配合可能会受到影响。例如，目前的保护系统可能无法识别一些故障类型的存在，或清除故障时影响范围可能会扩大。但是，无论如何，分布式电源的接入不应该导致非故障部分保护误动（如未受故障影响的相邻线路），也不能妨碍配电网中自动或手动重合闸程序的正常操作。分布式电源接入中压电网后可能引发的潜在问题包括馈线过电流保护无法识别线路故障、非故障馈线误动、故障定位受干扰等。保护系统需协同考虑的方面可参考文献［73-75］。

逐步分析各类故障细节后，才能最终确定分布式电源接入后原有保护系统是否依然能够正常工作。如果某种情况下保护系统无法正常工作，则需采取适当方法进行弥补。在此过程中，应确保人身和设备安全，但供电质量不应受到影响。在异常情况下，断开分布式电源和电网的连接是常用的控制原则，其他措施还包括有时间配合的电压和频率控制等。此外，分布式电源的中性点接地方式应和电网保护系统配置相一致，否则接地故障可能会导致损坏供电公司或用户设备的过电压。[76]

另一个需要考虑的是分布式电源保护配置问题。分布式电源保护应确保可靠性，一般采用内部专用保护方案，并需和外部配电网保护系统有机配合。分布式电源内部保护系统主要针对分布式发电厂内部故障，避免分布式发电厂孤网运行（通常定义为甩负荷保护），且从技术、安全和监管政策方面看，后者是不允许出现的[4]。分布式发电厂内部故障时，从电网流向故障设备的电流有助于故障识别。在甩负荷保护方案中，应避免电网保护启动重合闸。当分布式电源保护发现甩负荷情况时，应在规定时间内快速切除发电机组，避免其进入异步运行状态。基于最大/最小电压或频率、频率变化率、电压矢量偏移等技术的甩负荷保护方案已得到广泛应用[4,75,76]。

2.5.4 电能质量

电能质量包含供电的连续性和供电品质等方面。供电连续性和系统的可靠性紧密相关。分布式发电的积极影响之一是，如果运行部分电网孤网运行，分布式发电可以在大系统故障时继续工作并为重要负荷供电，可以显著减少用户用电的停电次数和停电时间。然而，分布式发电还可能会给电网可靠性带来负面影响，如分布式电源自身故障将导致电网保护跳闸，导致非故障区域用户供电中断，扩大事故影响范围。

用户供电质量与电压波形及其所受的扰动类型有关。受原始能源和能量转化过程的制约，分布式发电接入电网后可能会引发一些问题，若处理不当，将影响其供电质量。电能质量下降，将影响用户的用电选择，进而增加运行人员完成调度任务的难度。电压波形可能存在的最主要问题包括电压波动、闪烁、谐波及谐波辐射等[4,76]。分布式发电曾是谐波和谐波辐射污染的重要源头，当分布式电源采用逆变器联网时尤为明显。但目前新型数逆变器多基于绝缘栅双极晶体管（IGBT）设计，综合考虑控制和滤波技术，可以实现电能的清洁传输[76,77]。

分布式电源带来的干扰因素产生的最终影响取决于电源接入点处的电网短路容量。当系统较弱时，有关影响因素将成为分布式电源接入容量的主要限制条件。

某些种类的分布式电源入网后，受某些因素的影响，会引起电网电压波动。这在发电因素变动剧烈且随机性强的可再生能源发电中普遍存在（如风力发电）。此外，分布式电源（或其变压设备）并网或解网时，也会引起剧烈的电压波动和变化。

2.5.5 分布式电源稳定性

随着分布式发电渗透率的日渐提高，分布式电源的稳定性和抵抗扰动能力的重要性也日益突出。电网扰动发生后（短路、重要线路停电、电压跌落、失去电源、重要负荷波动），分布式电源的关停将导致电源减少和对电网支持的缺失。从这方面讲，分布式发电对电网的影响受下述方面的制约：

（1）分布式电源的规模（规模越大，影响也越大）和其渗透率；

（2）分布式电源并网数量（大量小型发电单元的综合影响和大型发电单元的影响相似）；

（3）并网点电压水平及电网配置方式；

（4）联网设备特性和分布式发电技术特点。

如果分布式发电在整个电网中所占比重过大，则分布式电源的跳闸将给系统频率造成严重负面影响，甚至会导致系统进入非稳定运行状态或崩溃。此外，含有分布式电源的配电网在故障恢复过程中需考虑一些特殊因素。如果配电网中的负荷主要由分布式电源支撑，在故障恢复过程中，若在分布式电源并网之前过早重合负荷线路，将显著增大配电网过载程度[4]。

在配电网并网原则中，已对分布式电源在规定低频低压范围内的工作能力进行了专门考虑，以适应某些恶劣工况的要求。随着风电渗透率的不断提升，调度员现在要求分布式电源必须具备一定的故障穿越能力，防止其在电压跌落过程中跳闸解列[51]。

2.5.6 电网运行

目前配电网的运维管理，依然只是执行简单的监控操作，属于"消极配电网"管理模式。配电网建设过程中，所有考核指标均应满足最严重工况的需求，试图在规划阶段解决所有重要问题[14]。但目前的配电网保护体系，仅考虑了已非常成熟的辐射状电网结构，以及潮流的单向流动情况。随着分布式发电渗透率的提高，要求配电网和分布式电源之间有更高层次的控制和协调。这样，分布式发电渗透率提高的一个直接结果，就是要求一种积极的配电网管理模式。在该模式下的管理系统中，针对每种电源类型和不同时刻的具体运行工况，均有有效应对措施[8]。

配电网积极管理模式试图解决分布式发电并网面临的一些问题。积极管理模式的基本概念，就是允许系统调度员综合使用发电调度、电压和无功控制方法（OLTC、电容器组、分布式电源的无功生产等）及系统重构等手段，最大程度地利用现有电网资源。为实现有关功能，要求建立配电网实时监控系统，其功能要求与输电网相似。配电网状态估计和对系统容量、负荷潮流、电压检测、故障水平及安全分析等的实时模型分析，有助于正确决策和规划，提升系统整体运维水平[14]。

2.5.7　孤岛和孤岛运行

随着电网和分布式发电的发展，关于包含分布式电源的部分配电网孤岛运行可能性的讨论逐渐增多。孤岛运行发生在部分配电网从主系统隔离后，由于分布式电源的供电支持，该部分配电网仍可保持正常供电状态[76,78]。由于配电网一般为辐射状结构，当上游开关因系统故障打开后，其下游部分可由连接分布式电源保持供电状态。这与现行配电网调度原则相冲突：当前的运行规范要求，系统发生故障后，分布式发电保护系统应快速动作，将分布式电源从配电网中隔离出来，避免形成孤岛运行状态[76,78,79]。分布式电源配置的保护装置要求能够检测电网故障，并在形成孤岛运行前跳闸动作。

除非分布式电源产生的有功和无功能够满足负荷的总需求，否则孤岛运行状态不能持续存在。随之而来的频率和电压的快速变化，将被反孤岛运行频率电压保护装置检测到并引发相应动作。这种仅根据局部电气量（如频率和电压）进行决策的反孤岛运行控制方式，应视为消极控制策略。这种方法因成本低、易于实现而广为应用，但其忽略了大量未监测区域的影响，应用效果尚有疑问[80,81]。一些发生在未监测区域内的有功和无功变化，有可能导致监测区域内的电压或频率的变化低于动作门槛，使反孤岛保护装置无法检测系统解列状态。为了缩小未监测区域的范围，应创造和实施更加积极的反孤岛措施，使电压和频率变量更容易到达动作门槛。积极的反孤岛运行措施采用正反馈非稳定控制逻辑，加大孤岛状态下频率和电压波动的影响，加速跳闸条件的成熟。当分布式电源处于并网状态时，外部电网的强壮性确保了系统的稳定；但在进入孤岛运行状态时，由于不稳定控制的反馈效应，将加速系统保护跳闸[78]。

在当前配电网运行管理中，安全性、电能质量和系统完整性是配电网运行的基本要求，因此供电公司无法接受孤岛运行实践。无准备的孤岛运行可能存在巨大的安全隐患，因为在先行调度思想指导下，调度员不会监管已失去主要电源的孤立电网，若此时分布式电源继续向该电网供电，将危及线路运维工人的人身安全。此外，孤网系统的接地状态可能不正常，保护系统未必能适应短路引发的显著变化；孤岛内的电能质量，将因供电公司缺乏必要的电压和频率调控手段而下降，或无法达到客户需求；同时，系统可靠性指标也会受到影响，由于存在孤岛运行可能性，运行人员在恢复系统供电时，要采取终止孤岛运行措施，从而延长了故障恢复时间。配置快速的孤岛状态检测功能，对自动重合等操作至关重要。因为孤岛运行时，其内部频率将很快和系统频率失去同步，在进行重合闸操作时，必须考虑该因素的影响，否则会给供电公司、分布式电源或用户的设备带来巨大损失[76,78]。

前文曾提到，分布式发电有助于提高系统可靠性，当孤岛运行条件证明成立时更是如此。但对整个系统而言，当分布式发电并网后仅能提供电能而无其他服务功能时，系统的可靠性水平和并网前没有本质区别。这种改变对配电网调度员提出了新的要求，需要其认真研究保护系统和新增功能间的协调配合，重新认识系统结构，确保孤岛运行的可行性，内容包括识别合理的孤岛运行保护配置方式、潮流分析和电压频率控制等。当分布式电源和系统并网运行时，其输出功率因数可控并为用户和供电公司供电，对分布式电源而言，由于外部系统稳定性强，频率和电压的控制模型不是运行考虑的重点。技术进步将促使更多类型的分布式电源以更加便捷的方式并网。电力电子技术和通信模块的大规模应用，在分布式发电和系统调度员间建立了良好的联系界面。分布式发电为系统提供更多服务的可能性，如电压和无功控制，以及为提升系统可靠性而进行孤岛运行的可能性，这种可能性将取决于创建所需监管和通信系统的效费比。

遵循这一指导原则，目前学术界已开始研究在系统突发扰动情况下，由分布式电源支持部分电网进行孤岛运行的可行性。第一个介绍孤岛运行应对方法的是文献［82］。该文献以一个理想的分布式系统展开研究，系统的发电设备多集中在大型城市，连接于次级输电网中，并为城市集中供热。当系统发生严重事故后，可行的解决方案是断开某些联络线，使系统分割成若干独立运行的子系统。该文献介绍了以分布式发电为基础的孤岛运行的优点，并描述了孤岛运行的一些基本要求，如功率平衡、负荷减载机制、电压频率控制、接地方式及保护系统等。

文献［83］介绍了印度企业自备电厂在增加系统稳定性方面发挥的作用。自备电厂是由个人创建以满足家庭用电需求，或由社团、合伙人合作联合创建以满足其成员用电需求为首要目标的发电厂[84]。换句话说，自备电厂的建设主要是满足工业用户的自身需求，已经具备分布式发电的概念。某些企业建设自备电厂的主要动力是满足工业生产对供电质量的要求，增加供电可靠性，弥补电网在电能质量方面的缺陷。文献还介绍了综合处理故障识别、故障危害性评估及工业设施和电网正确隔离方法等。利用频率变化率继电器、低频低压继电器、逆功率继电器、双向电流继电器、综合无功潮流的高压继电器等，作者研究并推荐了一种稳定性强、可有效检测导致电网解列故障发生的保护配置方案。通过低频减载措施切除部分不重要负荷，以避免孤岛系统运行崩溃。低频减载定值应确保孤岛系统在主要运行工况下保持稳定，并需在离线动态仿真系统中经过各种工况测试验证。

文献［85］介绍了一种孤岛运行状态下综合协调各类发电运行的方法。为动态仿真需要，作者在创建汽轮机调节器模型的同时，还考虑了各类联合发电的建模问题。在实际发电厂中验证仿真模型，发电厂包括两台25MW燃气机、两台3MW汽轮机和相应的40MVA及5MVA同步发电机。作者介绍了主电网发生三相短路故障后系统进入孤岛运行状态的仿真结果。仿真过程中，作者考虑了两种工况，即工业发电厂关联区域从上游系统中吸取功率和向上游系统输出功率两类运行条件，并给出了在孤岛运行时，不同条件下同一同步发电机的调频控制效果。另外，在工业发电厂关联区域从上游系统吸取功率条件下，作者提出用低频减载方案应对孤岛运行条件下功率不足的问题。

前文曾提到，当分布式电源接入系统的供电不足时，分布式电源将以输送有功和无功功率为主，而不仅是发挥频率和电压调节作用。这样，若允许电网故障后孤岛运行，需采取适当控制措施，适应分布式电源在并网状态和孤岛过渡过程中控制模式的转变。在孤岛形成过程中，电压和频率控制是确保局部稳定运行的关键环节。文献［86］介绍了一种分布式电源并网运行和解列后转入孤岛运行过程中控制系统策略切换方案。该方案的核心思想是，控制管理系统在检测和切换控制模式时，不需要额外的通信控制设施支撑，而仅依赖于发电机的端点测量信息。在系统扰动过程中，控制系统励磁调节模式从功率因数控制转为电压控制。当系统恢复正常联网状态后，控制系统自动切换到功率因数控制模式。在孤岛运行时，分布式电源负责将系统频率维持在一定范围内。当负荷需求大于系统发电容量时，需要考虑低频减载方案。当系统恢复并网运行时，频率控制策略亦同步进行切换。

在一些科学实验项目中，部分作者提到了上游电网故障后配电网有目的的孤岛运行问题。孤岛运行是无计划故障扰动后的结果，但如果系统保护方案配置合理，电网隔离点设置恰当，孤岛运行可以实现。同时孤岛运行也可以是计划行动的产物，如根据检修计划和精细的设计方案，有目的地对部分配电网进行隔离，形成孤岛运行。文献［87］在研究不同种类电源特点和特殊需求，尤其是系统保护定值方面，展示了在拥有分布式电源的配电网中进行灵活的计划性孤岛运行的科研成果。该研究在葡萄牙北部一个60kV配电网中进行，该配电网分布式发电比例高，分布式发电种类包括水电、风电和柴油发电。为了确保计划性孤岛运行的成功，作者发现将配电网与输电网隔离前，必须提前降低联络线中的流通功率。减小流通功率的方法包括减小孤岛内的用电需求或增大当地的发电量。在减小联络线流通功率过程中，应避免有关保护误动作。需特别注意的是，葡萄牙目前的分布式电源保护配置方案中，联络线保护设备在检测到发电单元要进入孤网运行时会立即跳闸。因此，为了提高孤岛运行的成功率，需考虑更改有关保护配置，包括重新设置联系线保护装置和增加减载装置等。

在文献［18］中，作者在阐述包含分布式电源的配电网计划性或非计划性孤岛运行时，提到了微电网概念。此外，作者还对带有快速响应电力电子接口、容量可以满足有功、无功功率需求的可集中调度的分布式电源群的影响进行了分析评估。在计划性孤岛运行中，由于负荷需求可以事先在若干分布式电源之间合理再分配，能够显著减小系统从上游电网吸收的功率，实现负荷转移的平滑过渡。上游电网故障导致的无计划孤岛运行的可行性也得到了展示，但其要求配置孤岛检测方案，并对分布式电源的控制策略进行更新。利用可控分布式电源电力电子接口设备的快速响应能力，可以防止系统振荡，确保自治运行期间功角稳定。

文献［17］对文献［18］的研究内容进行了补充，对经电力电子设备并网的分布式电源的有功和无功管理策略进行了分析。基于各分布式电源间无通信联络的假设，功率管理策略的实施将主要依靠分布式电源侧的测量终端。在推荐的有功和无功管理策略中，为每个分布式电源设定了相应的有功和无功运行点，以便实现下述目标：

（1）在自治运行时，在各个分布式电源间分配有功和无功出力；

（2）对扰动和过渡过程做出快速响应；

（3）确定所有分布式电源的最终出力，平衡区域功率，恢复正常频率；

（4）实现自治运行孤岛和电网系统再同步。

推荐的电能管理策略分为两部分：有功管理和无功管理。有功管理策略根据频率变化量确定每个分布式电源的有功输出，逻辑框图如图 2-15 所示。框图中

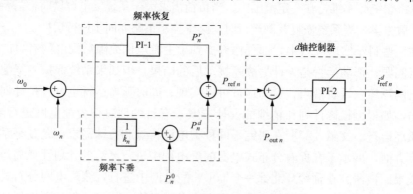

图 2-15　第 n 台分布式电源控制器

控制模块输出量是第 n 台机组的 d 轴参考电流 $i^d_{\mathrm{ref}\,n}$ 及其对应的有功功率参考量 $P_{\mathrm{ref}\,n}$，并存在下式关系

$$P_{\mathrm{ref}\,n} = P^d_n + P^r_n \tag{2-3}$$

式中，P^d_n 是基于频率变化（由频率下垂特性确定）产生的功率变化量，P^r_n 受比例积分控制器 PI-1 控制，目的是恢复系统正常频率。

频率下垂特性表达式为

$$P^d_n = \frac{1}{k_n}(\omega_0 - \omega_n) + P^0_n \tag{2-4}$$

式中，k_n 是第 n 个分布式电源的频率下垂特性，ω_0 是孤岛系统参考频率，P^0_n 是分配给该发电单元的初始功率。

关于无功管理策略，推荐以下 3 种可能方案，如图 2-16 所示：

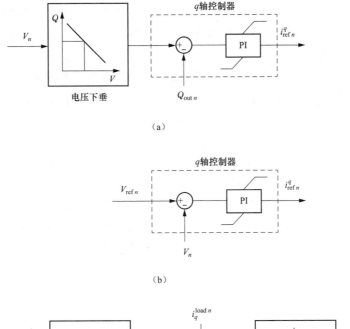

（a）

（b）

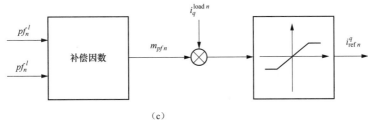

（c）

图 2-16　第 n 台分布式电源无功控制方案

（a）电压下垂特性；（b）电压调节；（c）无功补偿

（1）电压下垂特性：通过 V-Q 下垂特性曲线可以确定无功功率参考量 Q_{refn}，PI 控制器通过控制 q 轴电流 i^q_{refn} 调节分布式电源的无功输出，最终根据节点电压波动调节无功功率注入量。

（2）电压调节：在该过程中，通过无功功率注入量的调节，可将分布式电源并网点电压维持在某一电压水平（V_{refn}）。同样，在有关控制环节中，与电压下垂控制框图中 PI 控制器功能类似的设备不可缺少。

（3）负荷功率因数修正：在该方法中，通过控制分布式电源的无功功率注入量，可改善功率因数或满足连接在相同母线上负荷的无功功率需求。实际负荷功率因数 pf^l_n 和期望功率因数 pf^{lc}_n 及补偿系数 m_{pfn} 的关系为

$$pf^{lc}_n = \frac{pf^l_n}{\sqrt{(pf^l_n)^2 + (1 - m_{pfn})\left[1 - (pf^l_n)^2\right]}} \tag{2-5}$$

其中 $m_{pfn}=1$ 时，对应于无功全补偿状态；$m_{pfn}=0$ 对应于无无功补偿状态。

讨论了功率管理策略后，作者介绍了一种通过微电网的小信号模型评估其稳定性的方法，设计和优化了功率管理策略各种控制参数，并评估了推荐策略对微电网动态特性的影响。

文献［88］介绍了泰国包含分布式电源、连接在辐射状次级输电网上的配电网有计划孤岛运行的影响研究结果。被研究系统包含了连接在 115kV 系统上的 2 个分布式电源，其发电容量分别为 90MW 和 50MW。作者设想的孤岛运行条件是上游电网故障或计划检修。针对两类孤岛运行条件，对系统细节问题进行了深入研究，并综合考虑了不同负荷场景的差异。作者还提到了负荷减载机制的应用，尤其是重负荷情况下，以维持系统频率，使孤岛系统快速进入稳定状态。同时强调在系统频率调节过程中，负荷减载方案和低频保护装置的协调配合非常重要。针对孤岛运行情况，作者对一些运行条件下的细节问题进行了深入研究，如负荷的接入和退出、大型电动机的启动、孤岛系统故障等。作者建议采用自适应保护系统，实现保护定值在正常运行模式和孤岛运行模式间的快速切换。这点非常重要，因为在孤岛运行状态下，系统稳定性非常脆弱，保护定值必须适应孤岛系统运行方式，才能起到良好保护效果。

一些参考文献提到配电网部分区域孤岛运行可能性时，均假设该区域至少包含一台同步发电机，其在电力系统电压和频率控制过程中的意义广为人知。同步发电机是构建电力系统的基本电压源，然后其他种类的电源才能逐步接入。随着燃料电池、微型燃气轮机、光伏电池等分布式电源的出现，孤岛运行的配电网如何经单一的电力电子接口设备进行供电是一个需要深入研究的复杂问题。

文献［89，90］重点关注了包含采用电力电子接口设备的分布式电源的配电网孤岛运行的可行性。作者对分布式电源经电力设备并网引发的控制问题做了有意义的总结，有关内容将在后续章节的相关部分进行详述。传统电力系统在同步

发电机的转子部分（惯性系统）储有动能，这部分转动惯量将在系统发生扰动时（负荷切换、发电机故障等）发挥功率平衡作用，避免系统频率出现剧烈波动。在以电力电子接口设备并网的分布式电源占支配地位的供电系统中，由于燃料电池、微型燃气轮机等均是小惯量系统，在孤网运行时需要考虑新的控制方法。为了处理该问题，有必要提供某些形式的能量存储，确保扰动发生时系统可以实现暂态的功率平衡。该解决方案模拟了传统系统中同步发电机惯量在控制过程中的作用。孤岛运行面临的另一个新问题是，在分布式电源间分配功率时，缺乏可靠的通信联络。解决方案是基于系统频率的统一性，可利用频率下垂特性进行控制。这种频率控制方法基于频率和负荷需求的函数关系实现，分布式电源间不需要专用通信设备。

文献［91］提出了电力电子接口设备建模方法，以及其在没有同步发电机直接接入系统中的控制要求。根据分布式电源运行模式，有两种控制策略可用于逆变器的控制：

（1）PQ 控制，通过控制逆变器实现额定运行点的有功和无功功率需求。

（2）Vf 控制，在逆变器控制模式中，允许独立调节端点电压和频率。这类控制特性的实现，需综合利用有功/频率及无功/电压下垂特性。

当系统转入孤岛运行状态后，为配合运行要求，电力电子接口设备控制模式需从 PQ 控制（联网状态下的控制模式）转入 Vf 控制（自治运行状态下的控制方式）。这一过程需快速检测系统运行模式，并经通信通道传递控制命令，实现逆变器控制模式的转变，以适应系统运行的具体要求（孤岛运行或恢复联网）。

在配电网孤岛运行研究，不依赖快速通信的分布式电源控制技术：随着分布式电源入网数量的不断增长，建立互联通信系统缺乏可行性，分布式电源的控制应主要基于当地终端信息实现[17,18,86,89,90]。复杂控制和通信系统存在的重大隐患是某一元件的损坏，即可能导致整个系统的瘫痪。当系统上游电网发生故障、系统转入孤岛运行时，分布式电源应迅速从功率调度模式切换为电压频率控制模式。从通信角度看，为了实现优化目标，需为每个电源分配稳定的功率和电压输出任务。然而，长周期的控制过程（几分钟）肯定无法适应孤岛转换过程或孤岛运行中出现的暂态现象。

关于孤岛运行的权威调查表明，配电馈线的孤岛运行可以满足重要用户在系统故障恢复期内的供电需求。在一些输电线路经常遭受扰动（如雷电等）袭击和电压跌落的地区，孤岛运行可以显著提高供电质量。

配电网孤岛运行是一个非常复杂的问题，有目的的孤岛运行需认真设计，确保系统网络的安全可靠性及终端用户的电能质量水平。分布式电源需配置合适的电压频率调节装置，电网自身也需要改进（如保护体系和保护装置的协调性，安装同期装置等）。目前，这不是电力工业发展的关注点，但在不久的将来，随着分布式电源数量的增长，为增强系统的安全可靠性，这类问题的重要性将日益突显。

2.6 小　　结

本章简要介绍了分布式电源大规模接入导致的电力系统结构模式的变化。通过限制温室气体排放和减少输配电损耗，分布式发电正成为减少输配电成本和环境负担的重要工具，得到了大力推广。在过去几年中，由于大量分布式电源不断接入中压配电网，电网模式的改变越来越明显。然而，最新技术的发展，重塑了分布式电源的技术特点，使之更适于接入低压配电网中。

分布式发电的发展将潜在削减输配电设施的需求。安装在负荷附近的电源将显著减少输配电回路中的潮流，具有两方面影响：减少输电损耗和推迟系统增强或更新的投资。此外，在需求侧安装发电设施，在减小输配电建设成本的同时，还潜在地降低了能量传输成本。如果能够实现孤网运行，当配电网上游系统故障时，还将显著缩短用户停电时间。

然而，未来的配电网面临的不仅仅是大规模的分布式电源接入问题。事实上，按照简单的消极管理模式（安装即遗忘）联网的分布式电源所引起的问题将超出其自身可化解的范围。经济有效的分布式电源接入要求引入积极的配电网管理理念，还需负荷响应、储能设备和分布式电源协调工作，才能提升系统整体供电和运行的效率及质量，实现高效配电网。因此，为了增强系统的安全性和可靠性，构建自治或非自治微电网（配电网孤岛运行模式）将是一种值得探索的解决方案。将微电网作为可控系统运行，可为配电网调度员处理紧急情况提供帮助，有关内容将在后续章节中讨论。

3 微型发电和微型电网的概念及模型

3.1 简 介

前面章节简要介绍和讨论了电力系统大规模采用分布式电源的主要原因。近年来，随着分布式电源大规模并入中压配电网，电网模式的改变十分明显。但随着技术的发展，部分分布式发电技术也日趋成熟，其表现出的特点更适于直接并入低压配电网。同时，大规模分布式电源的并网，也带来了一些急需处理的新问题。为了应对这些挑战，实现分布式电源的潜在价值，有必要开发一种能与负荷及储能相协调的运行控制策略。一种可能的方案是发展微电网，这在 2.2.2 节中曾有过介绍。在本书所提到的，微电网是一个低压配电网，包含小型发电单元、储能设备及可控负荷，在可控范围内既可以联网运行，也可孤岛运行。微电网中的小型发电单元，"微型电源"占多数，发电功率一般低于 100kW，大部分具有电力电子设备并网接口，主要用于开发可再生能源（Renewable Energy Sources，RES）或化石燃料高效利用的热电联产。适用于微电网的微型电源包括 2.4 节所列设备，以及微型燃气轮机、燃料电池、光伏电池、微小型风力发电机和储能设备，如电池、飞轮或超级电容器。

微电网的概念是简单配电网接入大量分布式电源后的自然演变，其提供的更多控制选项使理想中先进的电网运行方式成为可能。通过开发微电网功能，可以形成高效的低压配电网系统，最终给配电网调度员和终端用户带来潜在实惠。这些实惠与分布式发电技术大规模采用和实施的影响保持一致[6]：

（1）微电网的运行基于可再生能源的大规模应用，微型电源的典型特征是温室气体的零排放或低排放。同时，由于分布式电源在配电网中的接入有利于减小配电系统网损，最终有助于减少温室气体的排放。

（2）微电网通过当地的微型热电联产应用，可以提高可再生能源和化石燃料的利用效率。微型热电联产设备的集中应用，对提升系统能源整体利用水平的作用远高于集中式发电厂。此外，通过对当地清洁能源的利用，可降低对化石燃料的依赖，有利于提升能源安全水平。

（3）微电网用户既可以是电能和热能的买家，也可以是卖家。这种灵活性有利于开发一种更高效的发电系统，且在响应用户需求时效率更高。

（4）对用户侧而言，一个设计合理的微电网将增加系统的可靠性，因为有两种独立电源（中压配电网和分布式电源）在给当地用户供电。同时，通过分布式电源提供的辅助功能，还可改善输电系统的动态稳定性。微电网还能在电压支持、提升电能质量等方面带来额外收益。

（5）在靠近负荷侧安装发电设施，有利于降低系统整体输配电损耗，对解决日益增长的用电需求是一种有利的解决方案。事实上，分布式发电可以潜在地减少或延缓集中式发、输、配电设施升级和兴建需求带来的投资。

为达到预期运行目的，实现微电网的协调控制，需根据微电网特殊需求改造系统控制结构。集中式控制策略的开发，需要双向高速通信设施、强大的中央处理器及一系列集中控制中心的支撑。由于高速数据通信和高可靠性的通信控制设施成本高昂，集中式控制策略在实施性方面缺乏吸引力。此外，为确保异常运行条件下微电网的高效可靠控制，最可行方案是靠就地控制器构成的控制网络响应暂态过程控制，确保微电网生存。因此，微电网控制逻辑应选择依靠就地控制器的就地控制原则。实现就地控制策略时，控制系统信息交换仅限于实现最低功能需求，包括微电网联网状态下的运行优化、孤岛状态下的稳定运行、大停电事故发生后就地故障恢复功能（区域黑启动功能）等[6]。微电网运行和控制结构的开发将在 3.3 节中介绍。

微电网运行和控制特点与许多方面有内在联系，包括安全性、可靠性、电压、电能质量、保护、不平衡/非对称和非自治/自治运行等。由于新电网的特殊性，微电网的运行和控制很有挑战性。作为评估微电网动态行为及有关控制策略可行性的第一步，本章将讨论微型电源、储能设备和电力电子接口设备等的建模问题。

本章介绍内容包括微电网的概念、整体控制和管理结构、体现微型电源特征的模型描述等。本章还会介绍一种理想的微型电源控制结构及其电力电子的接口方式。建模工作至关重要，是本书研究工作成功开展的基础。

3.2　微电网概念的建立

欧洲、北美和日本通过积极推进微电网的研究、发展、示范和应用，在传统电力系统运行方式变革方面处于领先地位。国际微电网研究活动和示范项目的详细信息，可以在文献［92，93］中查看。美国能源部最早提出了微电网的概念，并对该领域卓有成效的工作进行了积极支持。尤其令人注目的是，电力可靠性技术解决方案联合会（Consortium for Electric Reliablity and Technology Solutions，CERTS）于 1999 年成立，专门致力于研究、发展和传播新方法、新工具和新技术，保护和提升美国电力系统的可靠性及竞争性电力市场的效率[94]。CERTS 的电力可靠性研究领域包含若干板块，分布式能源（Distributed Energy Resources，DER）的集成就是其中之一，通过工具和技术开发，可使效费比高、分布式能源总量占优的分散控制电力系统的可靠性得到维持和增强。

分布式电源刚开始接入系统时，配电公司遵循的是"安装即忘记"政策。然而，电力系统真正需要的并网政策，应该从系统角度，充分发挥日益增多的分布式发电资源的优势，为用户和供电公司带来更多的潜在利益。CERTS 提出的微电网概念，即是针对大规模分布式发电单元并入配电网情形而提出的先进方法。在传统的分布式能源并网方法中，仅关注小型分布式电源对电网的冲击，有关分析内容可参见 IEEE P1547《分布式能源并入电力系统的 IEEE 标准》[79]。该标准关注的焦点是在系统故障时，如何快速将分布式电源从系统中隔离出去。相反地，微电网可被认为是由负荷、微型电源、储能设备构成的聚合体，既可与主系统联网运行，也可孤岛运行。微电网最核心的功能是可以实现从正常的联网状态迅速无缝切换到孤岛状态运行状态，并确保关键客户的用电需求，直至系统恢复。系统扰动时，分布式发电单元和负荷自动从主系统中退出，脱离受扰动影响的主系统。与传统系统的一体化运行方案相比，有计划的孤岛运行实践方案，可以将当地用电可靠性提升到一个新水平。

3.2.1 CERTS 微电网概念

该概念假设有多个负荷和微型电源在单一系统中运行，并为当地用户提供热能、电能服务。系统主要微型电源采用电力电子接口设备，以提供满足需求的灵活服务，确保微电网能够形成单一的聚集系统，实现每个微型电源简单的即插即用功能。从大系统角度看，微电网可以像传统电力系统一样为用户或电力生产商提供能量和其他种类的契约服务。从技术角度看，微电网并入配电网时，至少要满足其他传统设备都必须遵守的一些基本安全要求。CERTS 还强调应深入挖掘微电网的潜能，而不仅仅是强调其不会给周围电力系统带来危害的"好市民"形象[95]。

3.2.1.1 CERTS 微电网构架

CERTS 微电网重点研究了为了实现其所要求的灵活性和可控性而采用电力电子接口设备的分布式发电技术。从理论上讲，这种结构对分布式电源额定容量没有限制，但考虑实用性和可控性，连接在低压电网中的微型燃气轮机的额定容量一般不超过 500kW。虽然没有举例说明，但其他新兴微型电源技术，如燃料电池，也应进入可并入微电网电源的候选名单。同时，将微电网概念拓展到大系统也是可行的。在大规模应用现场，建议将负荷分成若干可控单元（大厦、工业园区等），并将配电网构建成多个互联的微电网，以满足整个系统的供电需求[95]。

CERTS 微电网的基本结构如图 3-1 所示，是典型的低压配电网，存在若干条辐射状馈线（图中的馈线 A、B、C）。配电变压器的低压侧是微电网和配电网的公共连接点（Point of Common Coupling，PCC），可以定义为两系统的边界。在公共连接点处，微电网应满足接口规范要求（如 IEEE P1547 标准）。在图 3-1 中，CERTS 微电网结构的核心元件如下[19,90,95]：

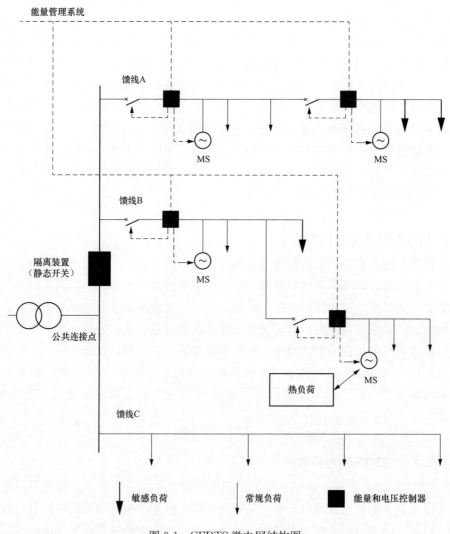

图 3-1　CERTS 微电网结构图

（1）微型电源控制器（能量和电压控制器）。微电网通过微型电源控制器进行基本运行控制，其主要动作包括：根据预设规则控制馈线潮流，微型电源并网点处的电压控制，微电网孤岛运行及与上游中压系统并网过程中微型电源间的功率分配协调等。微型电源控制器响应快速（毫秒级），控制功能的实现仅依据控制器连接点处的就地测量信息。在整个漫长的调控周期内，将由一个集中式能量管理系统负责运行策略的定义，实现微电网系统整体的最优运行。这就要求应在能量管理系统和微型电源控制器间建立通信联络渠道。微电网控制体系侧重于微型电源控制器具备"即插即用"特性，即微型电源可以方便接入微电网系统，而不需要更改任何已运行的系统控制和保护功能。

（2）能量管理系统。能量管理系统负责微电网的运行控制，通过周期而又合理地调度功率和电压，实现预设控制目标，包括减少微电网损失，最大化微型电源运行效率，满足公共接入点契约要求等。能量管理系统的控制周期通常为几分钟。

（3）保护。微电网保护系统应在上游中压系统电网或微电网内部发生故障时做出合理反应，为关键负荷或微电网提供满足安全水平要求的保护功能。保护动作速度取决于微电网中特殊用户的具体要求（在一些情况下，可以采用电压跌落补偿措施而非与配电网隔离的方法，确保重要用户供电需求）。如果故障发生在微电网内部，保护协调机制将仅隔离辐射状馈线的一小部分以切除故障。在开发有关保护系统时，需关注的是，由于大量电力电子逆变器的应用，削减了系统提供大故障电流的能力，从而不得不开发新方法取代传统配电网中的过电流保护方案。

为了满足微电网孤岛运行需要，CERTS 微电网结构允许微电网和主系统联网时运行在如下模式[90]：

（1）发电单元功率控制配置。每个微型电源控制其在连接点处的注入功率和电压幅值。这种控制模式的典型应用是和热负荷绑定的微型电源控制，其发电情况取决于负荷对热能的需求状态。

（2）馈线潮流控制配置。通过微型电源的运行控制，调节连接点处的电压幅值，并按计划要求将馈线潮流维持在既定工作点。在这种模式中，馈线上负荷的波动将由微型电源承担。

（3）混合控制配置。在这种模式中，部分微型电源仅控制自身功率输出，其他微型电源负责控制馈线潮流。

3.3　微电网的运行和控制结构

1998～2002 年，欧盟第一次对微电网的尝试是第五次框架路线图，其资助了题为"微电网——分布式电源在低压配电网中的大规模接入"的研究项目（Large Scale Integration of Micro-generation to Low voltage Grids, MICRO-GRIDS）。在该项目中，微电网被定义为一个低压网络（例如，小范围市区、购物中心或工业园区）加上联网负荷和若干小型模块化发电单元，可以满足当地用户供热和供电需求。一个微电网也需包含储能设备（如电池、飞轮或超级电容器）和网络控制管理系统[6]。本书将继承 MICROGRIDS 项目提出的微电网概念，其结构如图 3-2 所示。该图展示了连接在中/低压配电变压器低压侧的典型微电网拓扑。这一微电网案例系统构成包括：

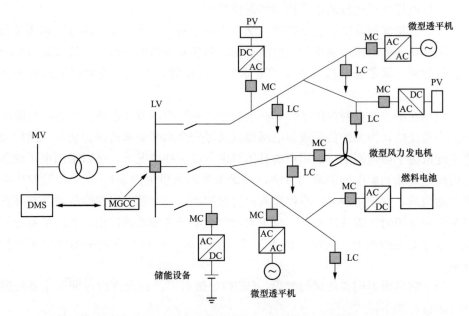

图 3-2 微电网结构，包括微型电源、储能设备和管理控制结构

（1）为负荷提供电力的若干馈线；

（2）基于可再生能源的微型发电系统，如光伏电池（PV）或微型风力发电机、提供热电联产功能的燃料型微型电源（微型燃汽轮机和燃料电池）；

（3）储能设备；

（4）由通信设备支持的分层式控制管理体系，确保所有元件可以有效聚集为一个整体，且各类负荷或分布式电源遵循相似的并网标准。

微电网单元既可与上游中压系统联网运行，也可孤网运行。以下是运行模式的定义[96]：

（1）正常联网模式。微电网连接在上游中压系统中，既可全部或部分从中压系统汲取电能（依赖于微电网内部微型电源的调度运行模式），也可向中压系统送出电能（和当前工况下微型电源的功率输出水平及微电网的内部功耗情况有关）。

（2）紧急模式。当上游电网发生故障，或根据计划安排（如运维工作）时，微电网具备平滑过渡到孤网运行或在大停电后支持区域黑启动服务的能力。在这两种工况下，微电网均可自治运行，其与一个物理上完全独立的区域电网工作状态相似。

为了达到预期的灵活性，微电网系统由微电网集中控制器（Microgrid Central Controller，MGCC）统一控制和管理。MGCC 安装在中/低压配电变压器的低压侧，与分层控制体系底层安装的控制器有通信联系。分层控制体系第二层中的微型电源和储能设备受就地安装微型电源控制器（Microsource Controller，MC）控制，负荷则受负荷控制器（Load Controller，LC）控制。微电网的正常运行和控制，需要控制体系各层间的通信和互动支持：

（1）一方面，负荷控制器和微型电源控制器是控制功能的操作界面，控制负荷的应用及微型电源的有功和无功输出情况；

（2）另一方面，MGCC 作为中央控制器，负责微电网的技术和经济运行管理，根据预设规则，为微型电源控制器和负荷控制提供运行定值。

还有一种假设，即 MGCC 可以和上游配电网的配电管理系统（DMS）进行通信，通过微电网和配网调度员间的合作协议，提升中压系统的管理和运维水平。为了实现这一目标，需根据微电网各方面最新特点，改进和加强配电网管理系统对馈线一端低压电网的传统管理方法。微电网的自治和非自治运行、相关信息交换等问题，就是有关方法实现过程必须应对的代表性事项[6]。

微型电源控制器可以集成在微型电源的电力电子接口设备中。其响应时间为毫秒级，在各类工况下，利用就地信息和来自 MGCC 的指令对微型电源进行控制。在联网状态下，微型电源控制器可以自动优化微型电源的有功和无功出力，并可在微电网解列过程中对负荷进行快速跟踪。可控负荷安装负荷控制器，提供负荷控制功能，响应来自 MGCC 的命令、需求侧管理（DSM）政策或紧急状态下的负荷减载执行任务等。为实现推荐的控制结构，要求微电网的运行和控制在响应暂态过程中，仅依靠微型电源和负荷控制器获取的就地信息，并能确保系统的稳定运行。微电网全局优化运行策略将由 MGCC 周期性（几分钟）地运算和制定，随后相应的控制命令（电压运行定值、有功和无功运行定值、负荷减载或按时恢复等）将经通信方式下发到就地控制器（微型电源控制器和负荷控制器），但周期将更长[6,96]。

MGCC 代表了微电网的技术和经济管理水平。在正常联网模式下，MGCC 搜集微型电源控制器和负荷控制器信息，实现各种控制功能。MGCC 的一个核心功能是预测当地的负荷和发电情况。MGCC 可预测系统负荷（包括电能和可能的热能），还可通过简单方式（通过分析风速、孤立程度等信息）预测电力生产情况。通过综合电能和天然气价格成本及系统需求、安全考量、需求侧管理要求等确定微电网从主系统中汲取功率的总额，优化当地生产情况。优化功能的实现，依赖于控制信号的下传和对微电网中微型电源、可控负荷的控制[6]。

紧急模式下，需立即调整微型电源出力控制，从功率调度模式向孤岛电网自主控制电压和频率模式转变。在这种运行模式下，MGCC 的作用与传统电网中二次调控环节相似：经微型电源和负荷控制器初次调节后，确保微电网在孤岛运行状态下能够运行，MGCC 再对孤岛系统进行技术和经济优化。对 MGCC 而言，准确掌握孤岛系统中的负荷类型非常重要，其直接关系紧急情况下如何采取最有效的干预措施[6]。作为一个自治系统，在一定条件下，微电网可以实现黑启动（Black Start，BS）功能。若扰动导致了系统大停电，微电网部分没能有效隔离并实现孤岛运行，且中压系统在规定时间内无法恢复，系统恢复的首要步骤就是进行就地黑启动。有关方法将涉及 MGCC，微型电源控制器和负荷控制器的预设控制规则均集成在 MGCC 控制软件中。这种操作功能将充分发挥微电网的重要优点，提升系统的可靠性和服务的连续性，有关内容将在第 4 章中介绍。

3.3.1　微电网通信系统

　　在推荐的微电网结构中，MGCC 与就地安装的控制器间需要建立通信连接，以实现控制和优化运行目标。网络控制器间的数据交换量很少，主要包括负荷控制器和微型电源控制器的运行定值、MGCC 下传到负荷和微型电源控制器的有功和无功输出定值、电压水平及微电网开关的控制命令等。同时，由于微电网覆盖面小，有利于以低成本构建通信系统。采用标准协议和公开技术，可方便在设计和开发模块化解决方案中集成现有的低成本，获得广泛支持的软硬件平台。解决方案应体现灵活性和可剪裁性，以适应未来的低成本应用[96]。

　　在考虑通信系统的低成本解决方案时，使用电力线作为通信通道是一种十分有吸引力的方法［使用电力线载波通信（Power Line Communication，PLC）技术］。在这种应用中，电力网的互联互通特性为微电网控制系统不同元件提供了理想的物理通道。因此，在 MICROGRIDS 项目中，对电力网作为通信系统的物理通道进行了研究和分析，并重点介绍了该物理通道的特点。当信号沿电力线传播时，通信信号的衰减程度将随线路的延长而升高。在评估通信通道品质时，另一个非常重要的因素必须考虑在内，即出现在信号接收器入口处干扰信号的强度和特性。很多干扰信号由联网负荷产生，其拥有不同的源头和特点，如周期信号（和系统频率有关或同步）、脉冲信号或类噪声信号等。如果干扰信号数量众多，考虑其对信号的扭曲干扰，信号接收器将很难准确地解析原始信号[97]。

　　在通信规约的选择中，TCP/IP 协议因可以提供更多的功能、灵活性和可扩展性而获得青睐，其能适应系统未来的发展，如开发更加复杂的系统（如多微电网系统）、接入微电网其他通信层并支持更多的服务内容等。此外，采用 TCP/IP 作为通信协议，可有效适应不同类型的物理通道，在支持微电网控制结构时不需考虑接入技术的特殊需求，优于其他仅能满足微电网通信基本需求的协议[97]。

3.4 微型电源动态模型

前文介绍的微电网概念基于层次化分布式控制结构实现，在紧急情况下，可以通过自治系统确保系统运行。从理论上讲，微电网有3种典型的运行工况：

（1）联网运行模式；

（2）孤岛运行模式；

（3）当地黑启动。

为了说明运行条件的可行性，有必要建立一个仿真平台模拟联接在低压配电网中微电网的动态运行。同时，有关模型应可以描述微型电源及电力电子接口设备的动态特性。微电网中应用的许多微型电源设备，受其输出电能的特性影响，不适宜直接连接到电网系统。为此必须采用电力电子设备接口（DC/AC 或 AC/DC/AC），并合理建模。一些作者在进行微电网动态特性和控制研究时，对燃料电池、微型燃气轮机等微型电源，通常采用电力电子设备作为并网接口，并在并网逆变器前端增加恒压直流源[18,89,98,99]。但其仅仅考虑了逆变器的动态建模问题，却忽略了原始电源的动态特性。这种设计方法的直接后果是，由微型电源动态响应引起的后果（如燃料电池的动态反应过程），在整个微电网动态响应或若干微电网间的互动关系中的作用将被忽略。

在构建微型电源及其电力电子接口设备的动态模型之前，先介绍微型电源逆变器接口功能，如图3-3所示。图中各模块代表的内容如下：

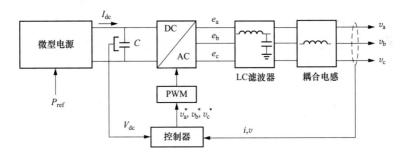

图 3-3　微型电源逆变器接口功能

（1）微型电源（燃料电池、微型燃气轮机或光伏电池）；

（2）直流连接器（直流电容器），可将微型电源连接到 DA-AC 逆变器上（电网侧逆变器）；

（3）低通滤波器 LC，防止逆变器产生高频谐波；

（4）耦合电感。

下面将对本书用到的几种动态模型进行简单描述。这些模型代表了不同种类的微型电源和储能设备，可用于评价微电网在孤岛运行条件下的整体响应特性。最后，简单介绍用于微电网和低压系统连接的电力电子接口设备的动态模型。

3.4.1　固体氧化物燃料电池（SOFC）

SOFC 应用于微电网中，是因为其对静态发电应用有许多优点[39]：

（1）燃料处理器仅需进行简单的氧化还原流程，不需要额外更新；

（2）SOFC 对燃料还原过程要求比较低，可用一氧化碳作为燃料，不需要复杂的还原设备；

（3）运行温度高，可以接受不纯净燃料；

（4）尾热高，可接受小型热交换器，为热电联产提高整体效率提供可能性；

（5）由于 SOFC 采用固态电极，水循环不是核心问题；

（6）SOFC 不需要昂贵的金属催化剂。

然而作为高温燃料电池，SOFC 也有一些缺点。由于高温运行，需要长时间的预热准备才能达到功率输出要求的工作温度。同时，SOFC 启动时间一般需要 30～50min。就整个系统（燃料电池堆、电力电子设备等）而言，由于各类元器件工作温度要求不同，系统内部存在极大的工作温度差。

由于燃料电池有许多子系统，各子系统之间又存在复杂的联系，进行完整的数学建模比较困难。同时，燃料电池反应（电、化学、热）过程表现为很强的非线性，确定这类复杂系统的描述参数十分困难。在已有文献中，存在多种描述 SOFC 的模型，分别考虑了不同复杂程度和 SOFC 的不同动态特征，如化学反应的动态过程、热过程等[100-102]。然而这些模型均不适于直接集成到电力系统仿真平台中，因为仿真系统要求有关模型必须反应系统参数的影响，如节点电压、频率等。为了实现仿真要求，文献［47，103］介绍了一种 SOFC 动态模型，文献［104-106］采用这种动态模型分析了 SOFC 系统的控制和运行。本书也将采用这种动态模型，并采取如下假设：

（1）气体是理想状态。

（2）电池组仅供应氢气和空气。如果用天然气代替氢气作为燃料，燃料处理器的动态过程在模型中应得到体现。

（3）沿电极传输气体的通道管应固定，且长度有限。可以假设其内部压力均匀存在。

（4）每个通道通过单一小孔排气。小孔内外部的压力差足够大，可以认为小孔处于堵塞状态。

（5）温度在各时段内保持恒定。

（6）电源的唯一损失来源于电阻，在理想工作条件下不接近电池电流的极大或极小值。

（7）奈恩斯特（Nernst）等式成立。

假设 SOFC 系统阴极供氢、阳极供氧，其中发生的化学反应式如下：

阳极：$H_2 + O^= \longrightarrow H_2O + 2e^-$

阴极：$\frac{1}{2}O_2 + 2e^- \longrightarrow O^=$

为了计算 N_0 个电池单元串联的电池组回路的电动势 E，用奈恩斯特公式描述如下：

$$E = N_0 \left[E_0 + \frac{RT}{2F} \ln \frac{p_{H_2} \sqrt{p_{O_2}}}{p_{H_2O}} \right] \tag{3-1}$$

式中　　　　E_0——与电池自由反应相关的电压（V）；

R——通用气体常数（8314.51J·kmol^{-1}·k^{-1}）；

T——通道温度（假定为常数）（K）；

F——法拉第常数（96.487×10^{6}C·kol^{-1}）；

p_{H_2}，p_{O_2}，p_{H_2O}——氢气、氧气、水蒸气的局部压力（atm）。

采用欧姆定律，电池组输出电压计算方法如下：

$$V = E - rI \tag{3-2}$$

式中　r——SOFC 的电阻，用于表征电池组的欧姆损失（Ω）；

I——流过电池组的电流（A）。

为了计算电池组电压，必须先导出电池组内部气体压力。各种气体（氢气、氧气和水蒸气）压力可单独考虑，对应的理想气体公式为：

$$p_i V_{ch} = n_i RT \tag{3-3}$$

式中　p_i——每种气体压力（atm）；

V_{ch}——通道体积（阳极或阴极）（L）；

n_i——通道中每种气体的摩尔数。

假设电池单元的温度恒定，对式（3-3）两边进行微分，可得下式：

$$\frac{dp_i}{dt} = \frac{RT}{V_{ch}} \frac{dn_i}{dt} = \frac{RT}{V_{ch}} q_i \tag{3-4}$$

式中 q_i 是 n_i 的导数，代表气体的摩尔流量（kmol·s^{-1}）。

当仅考虑氢气时，其流经电池组电极的体积为 V_{an}，可分成三种摩尔流量：输入流量（$q_{H_2}^{in}$）、输出流量（$q_{H_2}^{out}$）和参与电池组反应的输入流量（$q_{H_2}^{r}$）。此时有：

$$\frac{dp_{H_2}}{dt} = \frac{RT}{V_{an}}(q_{H_2}^{in} - q_{H_2}^{out} - q_{H_2}^{r}) \tag{3-5}$$

参与化学反应的摩尔流量可通过下式计算：

$$q_{H_2}^r = \frac{N_0 I}{2F} = 2K_r I \tag{3-6}$$

式中 K_r——建模定义的常数（$kmol \cdot s^{-1} \cdot A^{-1}$）。

任何气体的摩尔流量值都可认为和其通道内的压力成正比，于是下式成立：

$$\frac{q}{p} = \frac{K_{ch}}{\sqrt{M}} = K \tag{3-7}$$

式中 K_{ch}——通道常数 $[\sqrt{kmol \cdot kg} \cdot (atm \cdot s)^{-1}]$；

　　M——气体摩尔质量（$kg \cdot kmol^{-1}$）；

　　K——摩尔常数值 $[kmol \cdot (atm \cdot s)^{-1}]$。

用式（3-7）计算出的氢气流出量代替式（3-5）中相应变量，得到氢气动态微分方程：

$$\frac{dp_{H_2}}{dt} = \frac{RT}{V_{an}}(q_{H_2}^{in} - K_{H_2} p_{H_2} - 2K_r I) \tag{3-8}$$

对方程两边进行拉普拉斯变化，并整理成氢气压力表达式，结果如下：

$$p_{H_2} = \frac{\dfrac{1}{K_{H_2}}}{1 + \tau_{H_2} s}(q_{H_2}^{in} - 2K_r I) \tag{3-9}$$

式中 $\tau_{H_2} = \dfrac{V_{an}}{K_{H_2} RT}$，单位为 s，是氢气流量动态相关常数。

对氧气而言，设其流经电极的体积为 V_{ct}，式（3-5）可改写为：

$$\frac{dp_{O_2}}{dt} = \frac{RT}{V_{ct}}(q_{O_2}^{in} - q_{O_2}^{out} - q_{O_2}^r) \tag{3-10}$$

考虑电化学关系，参与反应的氧气摩尔流量为 $q_{O_2}^r = K_r I$，代入式（3-10）中，并进行拉普拉斯变换，与氧气动态行为相关的表达式如下：

$$p_{O_2} = \frac{\dfrac{1}{K_{O_2}}}{1 + \tau_{O_2} s}(q_{O_2}^{in} - K_r I) \tag{3-11}$$

式中 $\tau_{H_2} = \dfrac{V_{ct}}{K_{O_2} RT}$，单位为 s，是与氧气流动动态有关的常数。

根据 SOFC 中发生的化学反应，水是电极反应的产物。对水蒸气，式（3-5）可进一步改写为：

$$\frac{dp_{H_2O}}{dt} = \frac{RT}{V_{an}}(q_{H_2O}^r - q_{H_2O}^{out}) \tag{3-12}$$

在化学反应中生产的水蒸气摩尔流量为 $q_{H_2O}^r = q_{H_2}^r = 2K_r I$。代入式（3-12）后进行拉普拉斯变换，可得到与水蒸气有关的动态表达式：

$$p_{H_2O} = \frac{\dfrac{1}{K_{H_2O}}}{1 + \tau_{H_2O}s} 2K_r I \tag{3-13}$$

式中 $\tau_{H_2O} = \dfrac{V_{an}}{K_{H_2O}RT}$，单位为 s，与水蒸气流量动态相关常数。

上述公式与 SOFC 中化学反应动态过程有关。但在某些条件下，因涉及电池整体安全性，对化学反应产生的电流值需认真对待。为此，有必要定义燃料利用率参数 U_f，其是电池组中参与化学反应的燃料流量与输入流量的比值，表示如下：

$$U_f = \frac{q_{H_2}^{in} - q_{H_2}^{out}}{q_{H_2}^{in}} = \frac{q_{H_2}^{r}}{q_{H_2}^{in}} = \frac{2K_r I}{q_{H_2}^{in}} \tag{3-14}$$

燃料利用率的典型值为 80%～90%。在低利用率情况下（$U_f<80\%$），因电流低于最小值，将导致电压升高；在高利用率情况下（$U_f>90\%$），会造成燃料短缺，进而给电池带来永久性损害。因此，在一定氢气摩尔流量下，燃料电池的电流值将被限制在如下范围内：

$$\frac{0.8q_{H_2}^{in}}{2K_r} \leqslant I \leqslant \frac{0.9q_{H_2}^{in}}{2K_r} \tag{3-15}$$

假设理想燃料利用率因数（U_{opt}）为 85%，可通过测量电流控制燃料输入流量，则下式成立：

$$q_{H_2}^{in} = \frac{2K_r I}{U_{opt}} \tag{3-16}$$

燃料电池组的化学反应确定了氢氧化学当量比例为 2:1。为了确保氢氧间彻底反应，氧气的输入量一般会超过该比例。为了使氢气和氧气通过阴、阳电极区域时的压力差低于 4kPa，氢氧间的压缩比需控制在 $r_{H_O}=1.145$ 左右。

电池组中发生的各类反应均存在一定的内在延时。燃料电池处理器中的化学反应速度一般比较慢，通过调节反应物的流量控制反应过程需存在一定延时。这一过程的动态响应函数可描述为延时常数等于 T_f 的一阶传递函数。电池组中的电气反应时间很短，并与化学反应恢复系统负荷汲出电能的速度有关。这个过程的响应函数也可描述为延时常数等于 T_e 的一阶传递函数。SOFC 动态模型框图如图 3-4 所示。

3.4.2 单轴微型燃气轮机（SSMT）

2.4.2 曾简要介绍了微型燃气轮机的技术特点，在建模过程中需予以考虑，以评估其对微电网运行和控制的影响。微型燃气轮机在小型电源应用中的地位正日渐提升，但其建模和仿真报道资料却很少看到。此外，在已有资料中，微型燃

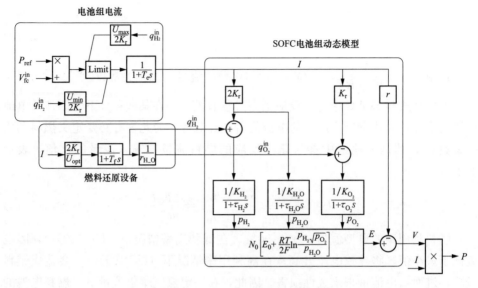

图 3-4　SOFC 动态模型框图

气轮机的建模多集中反应其慢速动态过程，尤其是负荷变化响应和实施频率调节的能力方面[107]。

文献［108］介绍了一种 SSMT 的建模方法。其假设不可控的 AC-DC 整流器（全波三相二极管整流桥）和永磁发电机相连（PMSG），在直流侧联有电容器和 DC/AC 逆变器。关于 SSMT 的机械部件，作者认为汽轮机的动态响应函数可以用一阶传递函数描述，其典型时间常数为 5～20s。在文献［109］中，作者采用了和文献［108］中相似的仿真方法，最大区别体现在对 SSMT 部件的描述上。在其推荐方法中，燃料需求代表燃料系统和相关激励动态过程的非线性传递函数的输入变量。通过某种固定关系，可用燃料需求变量计算汽轮机的机械输出功率。机械功率计算结果的传递延时，表征压缩机、热交换器和透平机的动态过程。与文献［108］研究结果相比，推荐模型计算结果的时间常数要小得多（0.1s 数量级）。在文献［110］中，作者在建模过程中考虑了汽轮机的 3 个主要部分：压缩机、燃烧室和透平机。与传统的燃气轮机相比，SSMT 的尺寸很小，各部分的热动态常数也很小（约 1.5ms）。其结果是输入燃料的变化及空气流动等都可在短时间内影响其机械功率。SSMT 控制信号响应时间常数实测结果约为 30ms。

SSMT 应用模型在采用前需进行一个验证过程，即和开普斯顿 SSMT 试验室测试报告[111]结果进行量化比较。因此，基于文献［47，107，112］的报告模型，并引入一些假设条件，使所建模型可以方便地描述微型燃气轮机的动态过程。第一个假设条件是，SSMT 的引擎虽然尺寸小，但其控制环节与传统燃气轮机相似。此外，从动态角度考虑，当将 SSMT 作为电网结构的一部分进行评估时，其模型应可以表征其电气和机械行为。在建模过程中，没有考虑尾气余热回收利用的热交换器，因其作用仅限于提升系统能源整体利用效率。热交换器的时间常数非常大，和动态仿真的时间周期相比，对仿真几乎没有影响。在微型燃气轮机中，频繁用到温度、速度和加速控制系统。这些控制系统在启动和停电情况下非常重要，但在正常运行时影响较小。因此在重点研究评估微型燃气轮机的慢性动态过程中，这些因素可被忽略。基于上述假设创建反映微型燃气轮机动态过程的模型，其控制系统框图如图 3-5 所示，主要组成部分包括微型燃气轮机控制和机械系统、发电机及微型燃气轮机和电网连接的电力电子接口设备。一般情况下，由于微型燃气轮机运行速度的不固定，发电机（PMSG）发出的是频率交变的交流电。电力电子设备既可向外部系统输出功率，也可作为一个可控电源向工作在电动机状态下的发电机供电，支持微型燃气轮机的启动工作。

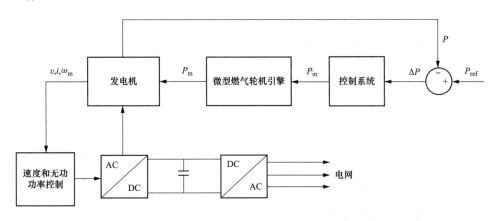

图 3-5　SSMT 控制系统框图

3.4.2.1　单轴微型燃气轮机有功控制

　　为了控制 SSMT 的输出功率，应设置控制系统功率运行参数。透平机的简单控制可以用比例积分（PI）控制函数描述[47]。控制器的输入量为设定运行功率 P_{ref} 和实际输出功率 P 之间的功率误差 ΔP。控制器输出量 P_{in} 最终用于微型燃气轮机的引擎控制。

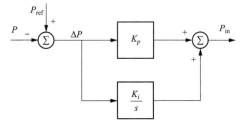

图 3-6　SSMT 有功控制

3.4.2.2 单轴微型燃气轮机引擎

SSMT 引擎包括空气压缩机、燃烧室、热交换器和驱动发电机的透平等部分。这种结构与燃气轮机的结构十分相似[112]。因此，SSMT（SSMT 引擎）的机械部分可用单缸单轴燃气轮机的传统模型描述，通常称为 GAST（GAS Turbine）模型，无下垂控制，如图 3-7 所示[47]。

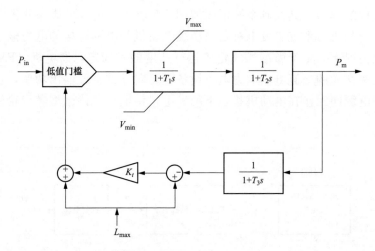

图 3-7　SSMT 引擎动态模型

T_1，T_2—燃料系统时间常数；T_3—负荷限制时间常数；V_{max}，V_{min}—最大和最小燃料位置；
K_t—温度控制循环增益；L_{max}—负荷限制

3.4.2.3 永磁同步发电机

假设发电机为双极式永磁同步发电机（PMSG），其转子为非凸极式。发电机的电气方程可用转子 $d-q$ 轴坐标描述如下[107]：

$$v_d = R_s i_d - p\omega L_q i_q + L_d \frac{\mathrm{d}i_d}{\mathrm{d}t}$$

$$v_q = R_s i_q - p\omega L_d i_d + L_q \frac{\mathrm{d}i_q}{\mathrm{d}t} + p\omega \phi_m \qquad (3\text{-}17)$$

$$T_e = \frac{3}{2} p\big[\varphi_m i_q + (L_d - L_q) i_d i_q\big]$$

式中　L_d，L_q——d 轴和 q 轴电感（H）；

$\qquad R_s$——定子绕组电阻（Ω）；

$\qquad i_d$，i_q——d 轴和 q 轴电流（A）；

$\qquad v_d$，v_q——d 轴和 q 轴电压（V）；

ω——转子角速度（rad·s^{-1}）；

ϕ_m——永磁体在定子绕组中产生的磁通量；

P——电极对数；

T_e——电磁转矩（N·m）。

机械公式需考虑永磁同步发电机的合成惯量及负载的粘滞摩擦，透平机和压缩机固定在同一转轴上，关系表达式为：

$$T_\mathrm{e} - T_\mathrm{m} = J\frac{\mathrm{d}\omega}{\mathrm{d}t} + F\omega \tag{3-18}$$

式中　T_m——负载机械转矩；

　　　J——负荷、PMSG、转子、透平机和压缩机的合成惯量；

　　　F——负荷、PMSG、转子、透平机和压缩机的合成粘滞摩擦力（N·m·s·rad^{-1}）。

3.4.2.4　机组侧逆变器

PMSG 产生的频率变化的电能在接入交流系统前必须经过整流处理。机组侧逆变器负载控制永磁同步发电机的转速和功率因数[113]。机组侧逆变器控制结构框图如图 3-8 所示。微型燃气轮机的转子速度根据预设特性曲线（ω 和 P 间关系）进行控制，以使微型燃气轮机在任何功率输出状态下的效率最优[107]。微型燃气轮机的速度误差用于计算生产参考电流 i_q，使之可以参与比例积分（PI）控制对 v_q 的调节，进而改变微型燃气轮机的角速度。电流 $i_{d\,\mathrm{ref}}$ 可通过其他调节器计算获得，并参与永磁同步发电机功率因数调节。

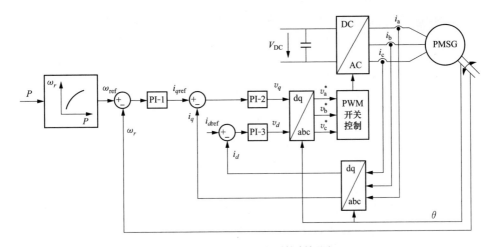

图 3-8　机组侧逆变器控制框图

3.4.3 光伏电池板

在有关文献中，有几种模型从不同深度描写了光伏电池的特性。其中应用最广泛的模型是基于集成电路创建的，如单、双二极管模型[43]。而在这种数学模型中，单二极管模型的接受程度最广。该模型反应了光伏电池单元的电流-电压特性，其等效电路如图 3-9 所示。负荷电流和终端电压间的关系式可表示为[114]：

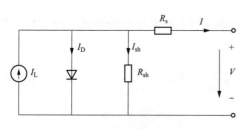

图 3-9　光伏电池等效电路

$$I = I_\mathrm{L} - I_\mathrm{D} - I_\mathrm{sh} = I_\mathrm{L} - I_0 \left\{ \exp\left(\frac{Q(V + R_\mathrm{s}I)}{AKT}\right) - 1 \right\} - \frac{V + R_\mathrm{s}I}{R_\mathrm{sh}} \tag{3-19}$$

式中　I——负荷电流（A）；

I_L——光生电流（A）；

I_D——二极管电流（A）；

I_sh——并联电流（A）；

I_0——二极管反向饱和电流（A）；

R_s，R_sh——串行和并联电阻（Ω）；

Q——电子电荷（1.6×10^{-19}C）；

A——曲线拟合常数；

T——电池单元绝对温度（K）；

V——负荷电压（V）。

模型中的 5 个常数值（I_L，I_0，R_s，R_sh 和 A）与周边环境关系密切（电池单元温度和光照强度）。由于并联电阻 R_sh 远大于串联电阻 R_s，文献 ［114］中提供的 4 参数模型也可成立：

$$I = I_\mathrm{L} - I_\mathrm{D} = I_\mathrm{L} - I_0 \left\{ \exp\left(\frac{Q(V + R_\mathrm{s}I)}{AKT}\right) - 1 \right\} \tag{3-20}$$

图 3-10 描述了通用光伏电池单元典型电流-电压（I-V）和功率-电压（P-V）的特性。从图中可知，光伏电池的最大汲出功率依赖于运行点。电池单元最大汲出功率运行点 P_max^C 由最大功率点（Maximum Power Point，MPP）决定，电池单元的端电压和输出电流也在此时达到最大值，分别为 V_max^C 和 I_max^C。

光伏电池制造商通常提供的系列设计数据，可以用作式（3-20）所描述数学模型中的参数值。这些参数的计算方法可参见文献 ［114］，该方法的实现过程需依据下述电池单元参数之一：

（1）短路电流 I_SC^C；

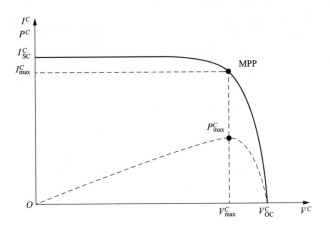

图 3-10　光伏电池单元典型 $I\text{-}V$ 和 $P\text{-}V$ 特性图

（2）开路电压 V_{OC}^C；

（3）给定参考条件下的最大功率 P_{max}^C。

此外，计算有关参数所必需的附加条件有：它们可以从短路电流 μ_{SC}^I 和开路电压 μ_{OC}^V 的温度系数相关知识中推导出来，而温度对各参数的影响可参见图 3-11 和图 3-12。光伏电池 MPP 的影响还取决于光照强度 G_T。当 G_T 固定时，随着温度的降低，MPP 和相应的 V_{max}^C 会上升。相应地，当温度固定时，随着 G_T 的降低，MPP 会下降，V_{max}^C 几乎为常数。

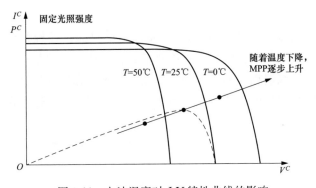

图 3-11　电池温度对 $I\text{-}V$ 特性曲线的影响

3.4.3.1　配置最大功率点跟踪系统的光伏阵列

根据光伏电池的典型电流-电压（$I\text{-}V$）特性曲线，有必要开发一种方法以汲取电池板的最大发电功率。因实际应用中，会在光伏系统中设置一个专用组件，负责跟踪周围情况获取最大汲出功率运行点。该模块被定义为最大功率跟踪器（Maximum Power Point Tracker，MPPT），通常由 DC/DC 转换器构成，并通过

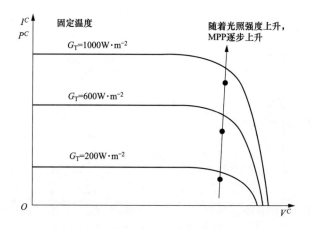

图 3-12　光照强度对 I-V 特性曲线的影响

合理算法实现最大功率运行点的跟踪。最基本的光伏系统包含光伏电池阵列、最大功率跟踪器和 DC/AC 转换器，如图 3-13 所示。其中 DC/AC 转换器除可实现交直流电能转换功能外，还肩负光伏系统并网责任。

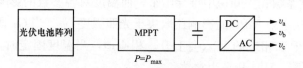

图 3-13　光伏系统配置

　　文献［115］介绍了几种最大功率点跟踪器的算法，各种算法的差异体现在多个方面，如算法的复杂程度、传感器要求、收敛速度、控制器的调整周期要求等。最大功率点跟踪器算法不是本书的重点，由于动态仿真执行周期非常短，可认为在此期间内光照强度保持不变。因此，可以采用基于下述假设建立的简单算法[43,116]：

　　（1）所有光伏模块的电池单元均相同，并且工作在相同的光照强度和温度条件下；

　　（2）光伏模块和最大功率工作点跟踪器系统无功率损耗；

　　（3）光伏模块在给定光照强度和温度条件下永远工作在最大功率点；

　　（4）若光照强度和/或环境温度条件发生改变，光伏模块可迅速调整最大功率点；

　　（5）光伏电池温度仅取决于光照强度和周围温度。

　　在这些假设条件下，模块的最大输出功率 $P_{\max}^{\mathrm{M}}$ 可以用环境温度和日照强度为输入量进行估算[43,116]，表达式如下：

$$P_{\max}^{M} = \frac{G_a}{G_{a,0}}\left[P_{\max,0}^{M} + \mu_{P_{\max}}\left(T_M - T_{M,0}\right)\right] \qquad (3\text{-}21)$$

式中　G_a——日照强度（$W \cdot m^{-2}$）；

　　$G_{a,0}$——标准测试条件下的日照强度（$1000W \cdot m^{-2}$）；

　　$P_{\max,0}^{M}$——标准测试条件下的光伏模块最大功率（W）；

　　$\mu_{P_{\max}}$——模块最大功率随温度变化常数（W/℃）；

　　T_M——模块温度（℃）；

　　$T_{M,0}$——标准测试条件下的模块温度（25℃）。

在实践中，光伏系统的运行环境与标准测试条件不同。在任意工作条件下，若日照强度为 G_a 和周围温度为 T_a，则光伏模块的工作温度可由式（3-22）表示：

$$T_M = T_a + G_a \frac{NOCT - 20}{800} \qquad (3\text{-}22)$$

其中，NOTC 是电池单元的正常工作温度，其是日照强度为 $800W \cdot m^{-2}$，周围温度为 20℃，风速低于 $1m \cdot s^{-1}$ 时电池单元的工作温度。这些条件通常也称为正常测试条件。有 N 个模块的光伏阵列的最大功率点输出功率可由式（3-23）计算：

$$P_{\max} = N \frac{G_a}{1000}\left[P_{\max,0}^{M} + \mu_{P_{\max}}\left(T_a + G_a \frac{NOCT - 20}{800} - 25\right)\right] \qquad (3\text{-}23)$$

3.4.4　微型风力发电机

风力发电机包含若干子系统，在建模时需单独处理：透平机的空气动力学模型，发电机，机械系统，以及匹配风力发电机转速变化的电力电子逆变器[51]。微型风力发电系统技术与大型风力发电机发电系统采用的技术有明显差异。但目前介绍微型风力发电机详细数学模型的文献很少。通常微型风力发电系统采用鼠笼式感应发电机直接连接到低压电网，并采用电容器组修正功率因数。这样，小型风力发电机模型将包含风力透平机模型和感应发电机模型，有关内容将在下述章节中介绍。

3.4.4.1　风力透平机

风力透平机从风能中汲取的机械能由下式给出[51]：

$$P_m = \frac{1}{2}\rho \times C_p(\lambda) \times A \times V^3 \qquad (3\text{-}24)$$

式中　P_m——机械功率（W）；

　　$C_p(\lambda)$——无量纲性能系数；

　　λ——尖速比（rad）；

ρ——空气密度（$kg \cdot m^{-3}$）；

A——转子区域（m^2）；

V——风速（$m \cdot s^{-1}$）。

风力透平机的效率可通过其传递的机械功率 P_m 与风速效能 P_d 确定，和型号无关。这一系数通常被定义为 $C_p(\lambda)$。参数 λ 的定义如下：

$$\lambda = \frac{\omega_t R}{V} \tag{3-25}$$

其中，ω_t 是透平机的角速度（$rad \cdot s^{-1}$），R 是透平机半径（m）。透平机机械转矩 T_m（$N \cdot m$）可通过下式获得：

$$T_m = \frac{P_m}{\omega_t} \tag{3-26}$$

3.4.4.2 鼠笼式感应发电机

在动态稳定性研究中，感应电机一般用三阶模型描述，以反映暂态电抗及对应的暂态电动势。鼠笼式感应电机在 d-q 轴坐标系中的标幺方程表达式如下（时间单位为 s）[51,117]：

$$\begin{cases} v_{ds} = -R_s i_{ds} + X' i_{qs} + e_d \\ v_{qs} = -R_s i_{qs} - X' i_{ds} + e_q \end{cases} \tag{3-27}$$

$$\begin{cases} \dfrac{\mathrm{d}e_d}{\mathrm{d}t} = -\dfrac{1}{T_0}[e_d - (X - X')i_{qs}] + s \times 2\pi f_s e_q \\ \dfrac{\mathrm{d}e_q}{\mathrm{d}t} = -\dfrac{1}{T_0}[e_q - (X - X')i_{ds}] + s \times 2\pi f_s e_d \end{cases} \tag{3-28}$$

式中　v_{ds}，v_{qs}——定子端电压；

$\quad\quad e_d$，e_q——暂态电动势；

$\quad\quad i_{ds}$，i_{qs}——定子电流；

$\quad\quad\quad X$——开路电抗；

$\quad\quad\quad X'$——暂态或短路电抗；

$\quad\quad\quad R_s$——定子相电阻；

$\quad\quad\quad T_0$——暂态开路时间常数（s）；

$\quad\quad\quad f_s$——系统频率（Hz）；

$\quad\quad\quad s$——转子滑差。

暂态开路时间常数由下式给出：

$$T_0 = \frac{L_r + L_m}{2\pi f_{base} \times R_r} \tag{3-29}$$

其中，R_r 是转子电阻，L_r 是转子漏抗，L_m 是励磁电感，f_{base} 是基础频率（通常

等于系统频率 f_s）。暂态电抗 X' 和开路电抗 X 分别为：

$$X' = X_s + \frac{X_r \times X_m}{X_r + X_m} \tag{3-30}$$

$$X = X_s + X_m \tag{3-31}$$

其中，X_s 和 X_r 分别代表定子和转子绕组的漏抗，X_m 是发电机的励磁电抗。

转子滑差可通过下式导出：

$$s = 1 - \frac{\omega_r}{\omega_s} \tag{3-32}$$

其中，ω_s 是同步速度，ω_r 是转子角速度。

为了完成感应电机模型，需将描述发电机电气部分的微分方程和转子绕组方程结合起来：

$$\frac{d\omega_r}{dt} = \frac{1}{J}(T_m - T_e - D\omega_r) \tag{3-33}$$

其中，J 和 D 分别是系统（透平机和发电机）惯量及阻尼系数，T_e 是机电转矩，并由式（3-34）决定：

$$T_e = e_d i_{ds} + e_q i_{qs} \tag{3-34}$$

3.4.5 储能设备模型

根据前面模型描述，微电网采用的诸多微型电源技术，由于涉及控制信号反馈，表现出了一些独有特点。微电网中的储能设备主要提供能量缓冲作用，可平衡系统扰动或负荷剧烈波动诱发的功率波动。微电网运行和控制对储能设备的具体需求将在第 4 章中详述。

目前很容易查到建模分析储能设备（电池组、飞轮、超级电容器等）的行为表现[118]。本书研究的目的不是深入探索储能设备内部变量的表现性能。为了确保微电网在暂态过程中的存活能力，储能设备应作为能量缓冲器，尤其是微电网孤岛运行阶段。考虑到微电网动态特性分析周期，储能设备可按恒压直流电源进行建模，并使用电力电子接口设备联网（在飞轮系统中为 AC/DC/AC 转换器，在电池组和超级电容器中为 DC/AC 逆变器）。储能系统（含接口设备在内）在遇到系统突然变化时，如微电网解列过程中的负荷跟踪，其可充当可控交流电压源（输出响应非常快速）。除电压源特点外，储能系统有明确的物理极限，储能容量有限[96]。在微电网中，发电和用电间的有功平衡，取决于经电力电子接口设备注入低压电网的有功功率，有关的控制策略将在 3.4.6 中介绍。储能设备在微电网运行和控制中的应用将在第四章介绍。

3.4.6 并网逆变器

如前所述，一些微型电源的发电特性决定了其在接入低压电网时必须采用专用接口设备。此外，微电网和传统电网还存在重要区别：在微电网中，完全可控同步发电机不是必备元件；但在传统电力系统中，同步发电机是基础元件，其通常负责系统电压和频率的控制任务。因此，逆变器控制是微电网运行控制的核心内容，是确保微电网在各种工况条件下（负荷或电源功率波动）稳定运行的关键。在传统电力系统中，同步发电机是电网基本构建单位，并影响着整个系统的发展。在微电网中，与传统电力系统相比，由于电力电子逆变器的大量应用，其表现出了迥然不同的特点。表 3-1 展示了同步发电机和电力电子接口设备间的主要区别[119]：

表 3-1　　　　　　　　同步发电机和逆变器特征对比

同步电机	电力电子接口设备
通过励磁系统控制电压源运行，并调节电压大小	电压源（电流源类似）每相几乎独立控制大小
在设计和安装阶段，应确保设备输出正弦波	通过选择合适模块和参考波形确定输出的正弦波，或其他任意形状波形
由于内阻低，短路电流较大	潜在短路电流大，但限流功能会限制大电流出现
额定电流由绕组绝缘温升决定。绕组和周围材料热时间常数大，有利于短时过电流运行。热时间常数高允许机组承受多个周波的短路电流	额定电流由半导体的温升决定，其热时间常数很小。大电流可在 1ms 内导致半导体故障。冷却系统的热时间常数同样很小，可限制其过电流能力。逆变器的过载能力受其最大允许运行电流限制
有功交换由施加在转轴上的转矩确定。功率分配由控制系统根据系统频率进行控制	有功交换由控制系统的参考值决定，并受直流连接设备功率供应能力限制

逆变器向交流系统输送功率的控制策略一般可分两类[120]：

（1）PQ 逆变器控制：逆变器根据预设工作点输出有功和无功功率。在联网状态时，逆变器一般工作在这种方式下[119,120]，并作为电源向运行系统注入功率，但逆变器并不能起构建电网的作用，无法输出任意幅值和频率要求的电压波形。

（2）电压源逆变器控制：逆变器根据控制要求向负荷提供定制电压和频率。根据负荷需求特点，电压源逆变器（Voltage Source Inverter，VSI）可以调整有功和无功功率输出。在这种控制方式下，逆变器负责建立幅值和频率满足需求的电压波形[119,121]。由于逆变器可产生交流电压，通过逆变器控制，可以实现系统电压和频率调整。

由于电力电子逆变器响应快速，当从系统角度考虑时，建模过程可将其视为一个可控交流电压源。该电压源的幅值和相位可以根据控制策略要求进行调节。

但需要强调的是，在分析微电网动态特性时，逆变器的建模仅考虑控制功能需求，电子开关暂态过程、谐波和逆变损失等将被忽略。这种建模方法已用于一些电力电子接口设备动态稳定性的研究中[17,18,89,90,122]。

3.4.6.1 PQ 逆变器控制

PQ 逆变器工作在联网状态下，根据预设工作点向电网注入有功和无功功率。PQ 逆变器工作点通过特殊算法或控制功能确定的相关内容将在第 4 章介绍。除有功、无功潮流控制外，逆变器还负责控制级联 DC/AC/DC 系统的直流连接设备电压[123]。因此，通过逆变器内部电压控制，可将直流连接设备电压维持在指定水平，并使无功输出稳定在期望运行点。当不计网损时，流过直流连接设备内电容器的功率 P_C 等于微型电源输出功率 P_{MS} 和逆变器输出功率 P_{inv} 间的差值，如图 3-14 所示。

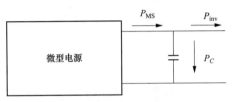

$$P_C = P_{MS} - P_{inv} \tag{3-35}$$

电容器的传输功率还可写成如下形式：

$$P_C = V_{DC} \times I_{DC} \tag{3-36}$$

图 3-14　直流并联电容器功率平衡

其中 V_{DC} 是直流连接设备端电压，I_{DC} 电容器电流。直流连接设备端电压可通过下式计算：

$$V_{DC} = \frac{1}{C} \int I_{DC} \, \mathrm{d}t \tag{3-37}$$

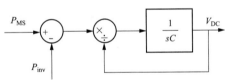

图 3-15　直流连接设备动态模型

其中 C 是直流连接设备电容器的电容。将式（3-36）、式（3-37）合并后进行拉普拉斯变化，可得到直流连接设备的动态模型，如图 3-15 所示。

PQ 逆变器的控制过程可描述为电流控制的电压源，如图 3-16 所示。文献［124，125］中推荐算法，即通过电压分量以及有功电流分量（i_{act}）和无功电流分量（i_{react}）计算逆变器的单相功率。微型电源输出功率变化将在直流连接设备上形成电压差，它通过引发 PI-1 控制器调节逆变器注入电网的有功电流大小修正。逆变器的无功输出受 PI-2 控制器控制，并通过调节逆变器输出无功电流的大小实现。从图 3-16 可以看出，PQ 逆变器控制系统包含两级闭环控制。其中内环控制主要完成逆变器内部电压（v^*）调节，满足参考电流（i_{ref}）的要求，外环控制则完成有功和无功功率调节。逆变器既可在统一功率因数下运行，也可接受就地或来自 MGCC 的工作点指令，调整无功输出状态。

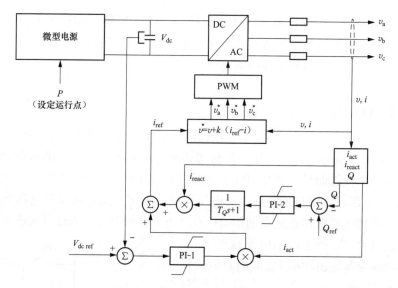

图 3-16　PQ 逆变器控制

PQ 逆变器控制模型的主要优点是简单且易于实现，其他更先进的控制结构模型在一些文献中已有介绍[99,123]。事实上，建模过程需考虑的关键事项是如何选取交流电压控制量实现直流电源和交流电网的有效连接。此外，电力电子接口设备模型传递函数响应快速，能够满足应用要求，但不是本书考虑的重点。然而，为了解各类微型电源（燃料电池、微型燃气轮机等）对低压电网的动态影响，需重点关注各类微型电源的动态特性能够传递到连接系统，并将带来什么后果。因此，本书推荐的简单模型或文献 [121，122] 介绍的其他模型，均有足够的精度，可以满足研究需要。

3.4.6.2　电压源逆变器控制

在传统电力系统中，同步发电机根据功率-频率下垂特性调节负荷的变化功率。这一控制原则同样可在逆变器中应用，通过调整输出功率控制输出频率，其对微电网中不同频率的交流电源并列运行非常重要，正如其在传统系统所扮演的角色一样。事实上，若 VSI 的电压和频率均固定不变，逆变器将无法在孤岛电网中并列运行，也无法和一个刚性交流系统进行连接。因为老化现象、温度影响、晶振频率变化等对逆变器控制传感器的影响会在一定时间内进行叠加，造成测量误差，为电网系统不同连接点处的 VSI 带来严重的角度差，无法保证系统频率的一致性[126]。

VSI 通过模拟同步发电机特性，控制交流系统的电压和频率[89,119,121]。在传统电力系统中，同步发电机通过频率下垂特性调节系统负荷功率增量。将这一原则应用在逆变器控制中，当负荷增加时，可降低其输出频率。同时，引入无功-电压下垂特性控制，通过调节电压幅值改变无功功率分配。此时 VSI 可作为电压源，其输出电压的幅值和频率受下垂特性控制，公式描述如下：

$$\omega = \omega_0 - k_P P$$
$$V = V_0 - k_Q Q \tag{3-38}$$

其中 P 和 Q 分别为逆变器的有功、无功输出，k_P 和 k_Q 是下垂斜率（正值），ω_0 和 V_0 是角频率和端电压空载状态值（无负荷状态下逆变器角频率和端电压）。

当 VSI 连接到角频率为 ω_{grid}、端电压为 V_{grid} 的刚性交流系统时，其运行角频率和电压将由外部系统决定[124]。在这种情况下，VSI 的输出功率 P_l 和 Q_l 的大小，可通过调节空载角频率 ω_{0l} 和电压 V_{0l} 实现（见图 3-17）。

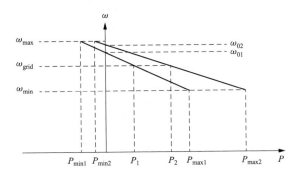

图 3-17　频率—有功功率下垂特性

$$\omega_{0l} = \omega_{grid} - k_P P_l$$
$$V_{0l} = V_{grid} - k_Q Q_l \tag{3-39}$$

在一个独立交流系统中，若有多个 VSI 并行工作，频率变化将自动引发功率的重新分配。故对于含有 n 个 VSI 的交流系统，下述等式成立：

$$\Delta P = \sum_{i=1}^{n} \Delta P_i \tag{3-40}$$

ΔP 是系统功率变化总量，ΔP_i 是第 i 个 VSI 的功率变化。VSI 角频率变化情况计算公式如下：

$$\Delta \omega = \omega_{0i} - k_{Pi} P_i - [\omega_{0i} - k_{Pi}(P_i + \Delta P_i)] = k_{Pi} \Delta P_i \tag{3-41}$$

根据有关下降特性，可类似获得 VSI 的电压-无功控制模式[89,121]。由于电压是局部变量，线路阻抗的存在将阻碍无功功率在 VSI 间的精确分配。

在本书中，VSI 三相平衡模型的下垂特性推导来源于文献［124，126］中分相模型研究相关成果。VSI 控制系统的功能框图如图 3-18 所示，而相对完整的模型则如图 3-19 所示。VSI 端电压和电流的测量值，主要用于计算有功和无功功率。由于存在解耦环节，测量过程存在一定延时。VSI 的有功输出将影响电压

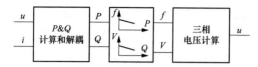

图 3-18　VSI 控制系统的功能框图

频率，并由有功-频率下降特性曲线斜率 k_P 确定。类似地，无功输出影响电压幅值，并由无功-电压下降特性曲线斜率 k_Q 确定。为了稳定，控制系统设置了单相正反馈控制，其增益系数为 k_{ff}，如图 3-19 所示。VSI 的输出电压最终也将作为参考信号用于脉宽调制（Pulse Width Modulation，PWM）中的开关顺序控制。

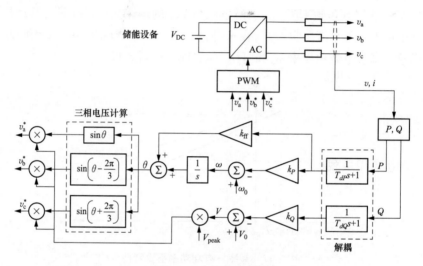

图 3-19　VSI 控制模型

3.4.6.3　暂态过载或短路状态下的逆变器建模

暂态过负荷（孤岛状态下大容量负荷接入）或短路会导致逆变器过电流。传统发电厂的同步发电机直接连接在电网中，可提供短路大电流，有助于快速有效地识别和清除故障。但在微电网中，发电单元主要经电力电子接口设备并网，受设计限制，很难产生故障大电流。逆变器中固态开关设备的选型主要依据电压和载流能力（在一定冷却条件及给定切换频率情况下）及安全运行区域。在暂态短路情况下，若电力电子接口设备有足够的过载能力，在提供适度短路电流的同时，孤岛微电网可安全实现故障穿越。此外，还需建立针对微电网的新型保护体系，采用有别于传统电熔丝的继电器或断路器，以方便实现故障隔离和电网恢复。基于上述说明，有以下注意事项：

（1）应尽可能选择大容量型号的 VSI，以提供足够大的短路电流（3～5 标幺值）。

（2）PQ 逆变器可以仅提供较小的短路电流（1.2～1.5 标幺值）。

短路后，从 VSI 中汲出大电流的持续时间与并网负荷和发电机类型有关（例如，感应电机作为电动机或发电机运行时产生的动态冲击）。若短路电流没有超过稳定极限，且外部电源可以提供足够的无功支持时，感应电动机可以克服暂态短路带来的影响。在这种情况下，VSI 应在一定电流值限制范围内提供无功功率，支持感应电动机的故障恢复需求。故对 VSI 而言，其可承受的过电流时间应大于规定的故障清除时间非常重要。

在故障状态下，通过限制 PI（比例积分）控制器的增益，PQ 逆变器控制结构可以实现控制输出电流幅值的目的，如图 3-16 所示（同时通过电流限制函数实现逆变器保护，这点在前文中已有提及）。作为电压源，VSI 输出电流可以非常大（这点和传统同步发电机类似）。为了限制其输出电流，也将采用类似图 3-16 所示的控制技术。VSI 采用的电流限制控制系统和 PQ 逆变器的最大差别在于，控制回路参考电流的峰值取决于固态开关的特性，其工作频率则受有功-频率下垂特性控制[96]。为了避免暂态过电压，在检测到外部故障清除后，应逐步减小 VSI 注入电流参考值。

3.4.7　电网和负载模型

在这项研究中，通过低压电网动态行为分析微电网孤岛运行可行性时，仅考虑了其三相平衡状态下的动态表现，虽然这种情况在一般低压配电网中并非常态。负荷模型考虑了两种类型：恒阻抗负荷（取决于频率和电压）和电动机负荷。在后续研究中，负荷特性对微电网动态特性的影响很大，而故障状态下表现尤其明显。

3.5　小　　结

本章主要介绍了微电网的概念，以及能体现微电网特殊需求的理想控制结构。本章介绍的两种微电网结构存在一个共同特点，即其运行不依赖于微型电源间的高速通信设备。这一特点可显著提升微电网在扰动状态下的稳定性。为确保微电网在异常运行情况下的效率和可靠控制，依靠就地安装控制器构成的控制系统是最具实施性的方案，其可对扰动导致的暂态现象进行快速响应，避免微电网崩溃。

本章还对不同类型微型电源的动态模型进行了阐述，为建立仿真平台，评估微电网从联网状态无缝切换到孤岛运行的相关控制技术奠定了基础。了解微型电源、储能设备和电力电子接口设备等的动态特性，是建立微电网分布式控制策略分析方法中需考虑的关键内容。

4 微电网紧急控制策略

4.1 简　　介

　　微电网的成功设计和运行，需解决若干关键问题，尤其是与系统功能和控制密切相关的内容。与采用同步发电机作为系统电源的传统电网不同，微电网的电源主要包括燃料电池、光伏电池、微型燃气轮机、储能设备等微型能源，电源并网通常借助电力电子接口设备是其典型特点。微电网系统惯量低，其动态特性和传统电网相比有很大差别。传统电力系统在同步发电机旋转部件中存储了大量的动能，可以缓冲负荷接入系统时带来的冲击。但对微电网而言，由于微型燃气轮和燃料电池的转动惯量小，对控制信号响应缓慢，运行过程中必须解决负荷跟踪问题。

　　一个含有大量微型电源、具备孤岛运行能力的系统，在设计阶段需考虑必要的能量缓冲，以确保初始阶段的能量平衡。微电网解列后短时间内系统功率的平衡，或孤岛运行时负荷变化引发功率波动的平衡，功率补偿的源头均是储能设备。此外，微电网控制环节对控制信号响应缓慢，也需要反应敏捷的储能设备为孤岛运行的微电网提供及时的功率支持。这些必要的功率存储设备，既可以是各类微型电源直流连接设备中的电池组或超级电容器，也可以是在低压电网中直接并网的独立储能设备（如电池组、飞轮、超级电容器等）[89,90,96]。

　　孤岛微电网的形成原因，可能是主系统的计划性解列（如检修需要），也可能主系统故障引发的非计划性解列。在计划性解列时，可以采取一些控制措施，平衡微电网内发用电功率需求，实现孤岛运行顺利过渡。对于故障引发的非计划性解列，因微电网内发用电组合情况不同，过渡过程对微电网动态影响存在一些差异。关于微电网孤岛状态形成过程和分布式发电应用的一些研究内容可参考文献［127］。该文介绍了一种基于多功能数字信号处理器的控制系统实现方法，在一台装置内集成了功率切换、保护、测量、通信等多种功能。该装置可用于控制线路断路器及要求快速切换技术的可控硅整流器（Silicon Controlled Rectifiers，SCR）、绝缘栅双极晶闸管（Insulated Gate Bipolar Transistors，IGBT）、集成门极换流晶闸管（Intergrated Gate Commutated Thyristors，IGCT）等设备。同时还强调，基于切换开关实现的断路器响应时间为 20～100ms。更快响应时间的断路器可基于 SCR 开关（响应时间为一至一个半工频周期）或 IGBT 开关（响应时间约 100ms）实现。

　　当微电网过渡到孤岛运行时，微电网应立即调整功率输出，从调度控制状态切换到孤岛运行部分电网频率控制状态。在控制过程中，应用控制策略需综合频率控制策略、储能设备响应特性、负荷减载选择等各方面需求，以实现最优整体运行目标，但在策略执行时，微型电源控制器（MC）和负荷控制器（LC）分别独立工作。4.2 节将介绍微电网控制特性，研究并总结适合孤岛运行的微电网控制策略。由于完全可控同步发电机很少在微电网中应用，逆变器控制成为微电网运行的重点。文献［89，121］介绍了一种根据下垂特性控制逆变器为交流系统供电的控制结构。这种控制结构将在本书中进一步研究（采用前文介绍过的两种不同逆变器控制结构），导出适于微电网过渡到孤岛运行的控制策略，有关内容将在 4.3 和 4.4 节中介绍。

　　若电网故障引发了大规模停电，微电网没有成功解列进入孤岛运行模式，中压系统又无法在规定时间内完成恢复任务，则系统恢复工作的第一步就是进行黑启动（BS）。有关策略将由 MGCC 和就地控制器［负荷控制器（LC）和微型电源控制器（MC）］负责实施，执行规则将预先整定在微电网集中控制器软件中，有关内容将在 4.5 节中介绍。开发微电网潜在功能，为低压电网快速故障恢复提供支撑，是本书研究和验证的新知识。该方法将缩短终端用户故障恢复时间，提高供电可靠性，减少故障停电时间。在大型传统电网中，故障恢复一般由调度员根据既定导则手工操作完成。由于故障恢复过程有时间压力，有关任务需根据系统实时信息，在极端紧张氛围下实施。在微电网中，由于控制变量少（负荷、断路器和微型电源），故障恢复流程相对简单。但多数微型电源的特性（如主要电源响应时间常数）和电力电子接口设备的控制特点对故障恢复程序有一些特殊要求，需引起特别注意[128]。

　　MGCC 的一个重要功能就是，在黑启动过程中，微电网和主系统并网时，其能与中压配电网的配网管理系统（DMS）配合工作。当输电网发生电网故障时，微电网可以脱离主系统，应尽可能在不损失联网微型电源情况下过渡到孤岛状态运行。在微电网与主系统联网过程中，非同期合闸问题需认真对待。一些就地控制器和微电网集中控制器功能应密切配合，在应用之前，需从动态运行角度研究评估。针对微电网黑启动和并网的处理方案将作为系列规则的一部分集成到微电网就地控制器中，并可由相应外部条件（电压、频率等电气量特征值）或来自微电网集中控制器的命令所激活。

4.2　基于控制分类的微型电源

　　在传统电网中，负荷变化时，网内发电机根据自身频率下垂特性曲线和功率输出情况自动调整出力。由负荷增加等扰动所导致的频率波动很小，原因是传统电网内同步发电机转子内存储了大量动能，可以有效缓解该类冲击负荷，为机组调速控制争取时间。发电机上管理系统一般基于频率控制设计，可以根据各发电机单元的频率变化情况进行调控，增加或减少发电功率。这种控制方法允许发电机根据频率下垂特性分担系统负荷变化量，系统频率可视为管理系统和发电机间的联系纽带[117]。自动发电控制系统，作为系统二次调频的控制环节，其响应周期一般较长。系统负荷变化时，自动发电控制将重新调整发电机组发电状态，负责将系统频率恢复到指定状态。

根据基础能源类型、微型电源容量、接口类型等，一般将微电网中的微型电源分为不可控微型电源、部分可控微型电源（如可再生能源发电可压缩出力）、可控微型电源（如联合发电单元、储能设备等）几种。除这种分类方法外，也可根据微型电源的具体功能，对其属性进行进一步细分。在本书中，区分以下三类微型电源十分重要[129]：

（1）电网构建单元：电网构建单元可确定微电网的电压和频率，通过快速响应，可平衡发电和负荷功率的需求。标准的微电网系统仅含一个主电网构建单元，其可以是一台柴油发动机，也可以是经逆变器耦合到电网的大型储能设备。

（2）电网支持单元：电网支持单元的有功。无功出力是根据系统电压和频率特征进行调节的，接受调度系统根据发电能力制定的调度计划。

（3）电网并列单元：电网并列单元指不可控或部分可控微型电源，如光伏电池（PV）系统或微型风力发电机。通常，该类微型电源能为系统提供尽可能多的功率支持。

根据上述微型电源的分类方法，微电网中一些微型电源可有如下分类：

（1）电网构建单元：储能设备。

（2）电网支持单元：SSMT 和 SOFC。

（3）电网并列单元：光伏电池和微型风力发电机。

在微电网中，除微型电源分类外，逆变器问题也应予以关注。3.4.6.1 中介绍的 PQ 控制逆变器用于微型电源和运行系统的连接，运行系统的频率和电压由其他发电单元决定。经 PQ 控制逆变器并入低压电网的微型电源是电网支持单元或电网并列单元，或 PQ 控制逆变器是带电运行系统的从属设备，不能用于电网充电，即 PQ 控制逆变器不能像传统同步发电机那样，为系统提供电压和频率参考。3.4.6.2 介绍的 VSI 型设备，具有构建孤岛电网的能力，即可以为电网充电，还允许其他类型电源连接到电网（孤网）中去。根据定义，VSI 的功率输出情况和其负载有关。作为电压源，VSI 要求其直流连接部分的储能设备容量足够大，或系统基本电源响应快速，可以维持直流连接部分端电压的稳定。换言之，VSI 要求直流连接设备可以在任意时刻提供瞬时功率支持。VSI 具有建立孤岛电网的能力，因此其为微电网类电力系统的主要设备。简单地说，PQ 控制逆变器和 VSI 两类逆变器的主要区别，在于是否拥有足够大的能量缓冲设备，能否支持微电网孤岛运行状态下的发用电功率需求。

由于微电网是逆变器占主导地位的电网，其控制实现主要依靠逆变器，因此必须以上因素。关于微电网控制，另一个需要明确的问题，是如何通过电力电子接口设备建立一个孤网。

微电网相关议题，在此并不是第一次被关注，许多参考文献曾就一些问题展开过研究，并提出过许多假设。如一些文献提出，微电网系统中应存在同步发电机及其他类型微型电源[17,18]。此时因有同步发电机的存在，有许多传统经验可供借鉴，系统的构建不是核心问题。其他文献，如文献 [89，90]，作者假设微电网中所有微型电源均带有能量缓冲设备，并受下垂特性控制（即前文提到的 VSI 控制原则）。本书讨论的控制策略也包含这类情况。但一般情况下，大多数微型电源的直流连接设备并不连接储能设备（因此也就无法通过下垂特性进行控制）。一些微型电源，如 SOFC 和 SSMT，具备响应命令需求调整有功输出的能力（通过控制燃料输入方式实现）。研究 SOFC 和 SSMT 等可控微型电源根据能量需求进行调控的能力（需考虑其响应命令速度缓慢的特点），需要开发和选择新型控制策略，确保微电网孤岛运行的可行性。

4.3　孤岛运行状态下的微电网控制

孤岛运行时，若系统中无同步发电机通过频率控制机制平衡供需关系，逆变器需负责频率控制任务。若微电网中存在大量微型电源，且主系统运行正常，系统处于联网状态，微电网的电压和频率参考值将由主系统决定，所有逆变器均可工作在 PQ 控制模式下。在这种情况下，若突然失去中压系统的支持，微电网将无法正常运行，因其系统内无法调节负荷和发电量间的供需平衡，也无法进行电压和频率控制。然而，若 VSI 可以提供电压和频率参考，就有可能实现微电网的孤岛运行，完成从联网模式到孤岛模式的平滑过渡，无需改变其他逆变器的控制模式。因 VSI 可以和其他类型电压源并行工作，例如，联网模式下和主系统并行工作，或孤岛模式下和其他电压源逆变器并行工作[96]，这种运行模式存在成功的可能性。根据 3.4.6.2 中的介绍，VSI 可以根据终端就地信息对系统扰动进行实时反馈。这种工作方式可以作为孤岛运行时调控微电网电压和频率的基本手段。当孤岛微电网内只有一台 VSI 时，系统有功和无功变化 ΔP 和 ΔQ 引起的频率和电压波动情况可用下式描述：

$$\Delta \omega = \omega_0 - k_P P - [\omega_0 - k_P(P + \Delta P)] = k_P \Delta P$$
$$\Delta V = V_0 - k_Q Q - [V_0 - k_Q(Q + \Delta Q)] = k_Q \Delta Q$$
(4-1)

在确定微电网孤岛运行的核心方案后，微电网控制策略有两种分类可供选择：单主运行模式（Single Master Operation，SMO）和多主运行模式（Multi Master Operation，MMO)[96]。在这两种模式中，为实现微电网孤岛运行，均需考虑在可控微型电源中配置方便可行的负荷-频率二次调频控制措施，有关内容将在下文介绍。

4.3.1 单主运行

含有一个 VSI 和若干 PQ 控制逆变器的微电网运行方式，称为单主运行模式，其控制结构如图 4-1 所示。在这种模式下，当微电网从主系统隔离时，VSI 提供 PQ 控制逆变器的运行电压和频率参考值。

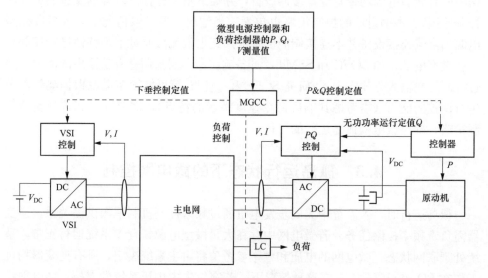

图 4-1　单主运行控制结构图

在系统扰动（负荷波动、微电网解列等）过程中，VSI 应具备快速负荷跟踪能力。利用微电网的通信能力，MGCC 接收微电网就地控制器反馈信息，并负责更新每个 PQ 逆变器的运行定值，根据电压水平、无功潮流、有功调度等工况要求，实现优化运行。微电网集中控制器还负责负荷控制，并确定 VSI 下垂特性控制定值。

4.3.2 多主运行

拥有多个 VSI 的孤岛电网（见图 4-2）在有功-频率和无功-电压控制方面，和大量应用同步发电机的传统电网相似。在传统电网中，电压和频率监控功能由专业的电压和转速管理系统执行，而在微电网中，该过程简化为根据频率—有功

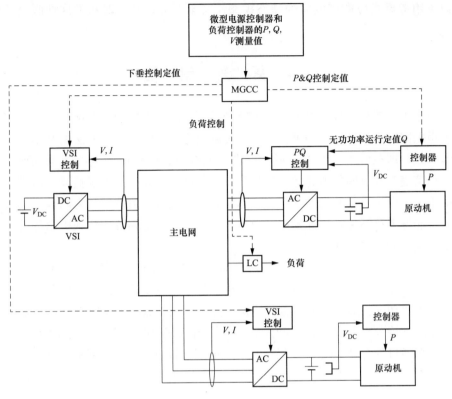

图 4-2 多主运行控制结构图

和电压—无功下垂特性进行控制。

在联网工作模式下，低压电网的频率由外部系统决定。每个逆变器根据预设的频率—有功下垂特性曲线运行。通过修改 VSI 的空载频率 f_0（其对应的有功输出值为 0），可以改变 VSI 的功率输出情况。当连接主系统的频率波动比较小时，VSI 的空载频率 f_0 可用于发电调度[124]。该功能由 MGCC 执行，但在实现过程中，一些控制变量的状态需周期性更新，以匹配 MGCC 算法规则需求。

当微电网因主系统故障解列进入孤岛运行状态时，不需要改变所有微型电源的控制策略。在失去外部电源后，孤岛系统过渡到一个新的运行点，电压和频率的变化与系统内的负荷状况密切相关。为恢复系统频率，需采取二次调频控制措施。实现方法是在保持输出功率不变前提下，调整各逆变器的空载频率。与该过程对应的空载角频率计算公式为 $\omega_0 = \omega_{grid} + k_P P$，其中 ω_{grid} 是微电网指定角频率，P 是 VSI 的实际输出功率。基于这种控制策略，可以在保持各逆变器输出功率不变条件下，完成微电网频率的调整。

由于 VSI 通常连接储能设备，在动态仿真过程中，可以假设其直流连接处电压波动幅度很小。这样，因其不反应电网的动态过程，在动态仿真研究过程中，可以不用考虑相应微型电源的动态模型。文献［89，90］即基于这种假设开展研究。

4.4 紧 急 策 略

由于主系统存在故障停电或其他特殊运行工况，微电网存在解列风险，需要探索微电网转入孤岛运行的可行性。这类解决方案和传统控制方法的基本原则有相悖之处，即在传统电网中，不允许带有发电设备的配电网脱离主系统独立运行。但若确定微电网的孤岛运行过程具有可行性，就需根据系统负荷、微型电源发电水平、发生故障的类型等系统实际状态认真准备有关方案。为确保形成孤岛的系统能够生存下去，需开发可控微型电源、储能设备和负荷减载机制等的协调配合方法，如下文所述。

关于 VSI，有一点非常引人注目，即其直流连接部分既能直接连接储能设备，也可以连接带有储能设备的微型电源。独立储能设备与低压电网联网时，会从系统吸取功率。故当逆变器直流连接部分连接独立储能设备时，其有限的储能容量仅能支持 VSI 在某一段时间内的功率输出（其他时间内输出功率为零）。当微型电源通过带有储能设备的 VSI 和低压电网连接时，由于其能够对储能设备连续充电，可以认为储能设备的容量无限大，不存在容量不足问题，与其相连的逆变器可以作为系统主电源。

4.4.1 频率控制

在孤岛运行的交流系统中，VSI 的控制原则使仅依据就地信息响应的系统扰动（如负荷或发电波动等）成为可能。这种控制方式使微电网的运行不依赖于微型电源控制器和 MGCC 间的高速通信。实践证明，基于高速通信网络实施微电网控制的可行性较差。由于这一控制过程很长，允许采用二次调节控制方法改善系统表现，尤其是孤岛运行状态下频率恢复过程中，二次调频控制扮演了非常重要的角色。

4.4.1.1 一次调频控制

式（4-1）显示 VSI 的有功输出和微电网频率波动成比例关系。在孤岛形成阶段，或孤岛运行阶段负荷和功率波动情况下，连接储能设备的 VSI 将在第一时间对系统最新情况做出反应。作为电压源，VSI 将根据系统扰动引发的功率失衡水平增大输出电流，进而增大输出功率。作为 VSI 输出功率增大的后果，根据有功-频率下垂特性，微电网频率将下降，如图 4-3 所示。

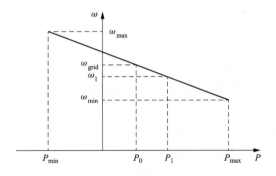

4-3　VSI 频率下降和有功功率输出增加量 $\Delta P = P_1 - P_0$ 间关系

　　首先考虑微电网单主运行（SMO）有关策略。当微电网和主系统联网时，储能设备的输出功率为 P_0（当直流连接部分连接的是不带储能设备的微型电源时，输出功率为零）。当微电网向孤岛过渡时，其角频率变化到新值 ω_1，VSI 的输出功率增加到 P_1。孤岛形成前后 VSI 输出功率的变化量为 $\Delta P = P_1 - P_0$，其值和联网状态下从主系统吸收功率相等，即 ΔP 是微电网解列时内部发用电功率不平衡量。

　　在多主运行（MMO）系统中（即在孤立的交流系统中，有 n 个 VSI 并行工作），系统中发生的功率变化量 ΔP 将由多个 VSI 共同分担，有关过程的稳态表达式如下：

$$\Delta P = \sum_{i=1}^{n} \Delta P_i \tag{4-2}$$

　　式中，ΔP_i 是第 i 台 VSI 承担的功率变化量。在形成孤岛之前，微电网中所有 VSI 运行在同一频率，其值和主系统频率相同。综合所有 VSI 的下垂特性，每个逆变器的稳态输出功率变化和扰动发生后系统频率间的关系可以通过下述矩阵描述：

$$\begin{bmatrix} 1 & k_{P1} & 0 & 0 & \cdots & 0 \\ 1 & 0 & k_{P2} & 0 & \cdots & 0 \\ 1 & 0 & 0 & k_{P3} & \cdots & 0 \\ \vdots & \vdots & \vdots & \vdots & \ddots & \vdots \\ 1 & 0 & 0 & 0 & \cdots & k_{Pn} \\ 0 & 1 & 1 & 1 & \cdots & 1 \end{bmatrix} \times \begin{bmatrix} \omega' \\ \Delta P_1 \\ \Delta P_2 \\ \Delta P_3 \\ \vdots \\ \Delta P_n \end{bmatrix} = \begin{bmatrix} \omega_{grid} \\ \omega_{grid} \\ \omega_{grid} \\ \vdots \\ \omega_{grid} \\ \Delta P \end{bmatrix} \tag{4-3}$$

　　式中，ω' 是微电网扰动后系统角频率，$\omega_{grid} = \omega_{0i} - k_i P_i$ 是扰动前微电网系统角频率。通过式（4-3）可以计算微电网的频率偏移 $\Delta \omega = \omega' - \omega_{grid}$，及孤岛运行模式下发用电功率变化 ΔP 在各 VSI 间的分配情况。

　　在两种运行模式下，处于孤岛运行状态的微电网，扰动发生后 VSI 的动作行为可以视为一次调频控制，其过程和传统电力系统中由同步发电机负责一次调频情况相似。

4.4.1.2　二次调频控制

　　微电网过渡到孤岛状态运行时，系统频率会因功率或负荷的波动偏离正常值。在过渡过程中，微电网内的功率平衡主要由储能设备支撑。当微电网运行频率和指定值存在偏差时，当仅采用下垂特性控制方式时，储能设备将根据系统频率偏移情况吸收或输出功率。该过程如图 4-4 所示，其中 VSI 根据微电网的频率偏移量调整输出功率。由图可知，在储能设备输出或吸收功率承受范围内，VSI 功率输出情况和系统频率偏移量成正比关系。但这种关系仅在过渡过程中暂时存在，期间储能设备负责调节微电网内的发用电功率平衡。由于储能设备（电池组、飞轮或超级电容器，具备短时间内输出大容量电能的能力）容量有限，作为负荷在并网状态下会从低压电网中吸收能量。因此为了避免储能设备能量耗尽，通过控制管理，使其仅在过渡过程短时间内向微电网注入能量。相应地，研究相应的控制流程，矫正微电网孤岛运行时的频率偏移问题，也是制定微电网控制策略时必须重点考虑的问题之一。

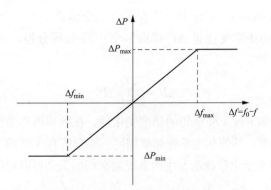

图 4-4　连接储能设备的 VSI 稳态有功特性

　　为了提升二次调频控制效果，扰动后系统频率恢复过程中，有两种控制模式可供选择：一是就地控制，即通过为每个可控微型电源装设 PI（比例积分）控制器（图 4-5）完成控制任务；二是集中控制，即由 MGCC 功能模块中的专用算法控制实施。本书主要考虑就地二次调频控制模式。在两种控制模式中，主要电源的输出功率的目标值都是基于频率偏差量计算得出的。对于单主控制系统，目标值就是直接发送给可控微型电源原动机的有功运行定值；对于多主控制系统，目标值即可是发送给 PQ 逆变器连接可控微型电源的有功运行定值，也可以是 VSI 的最新空载角频率定值，该 VSI 作为可控微型电源接口设备，在其直流连接部分连接储能设备。

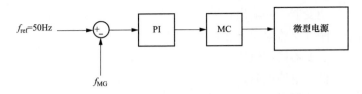

图 4-5 可控微型电源就地二次负荷—频率控制

4.4.2 负荷减载

可控负荷概念在微电网运行中扮演了非常重要的角色，对于内部存在发用电功率差额的系统（负荷总量大于发电总量），尤其如此。微电网从联网状态转入孤岛运行时，系统存在功率不平衡问题，负荷减载机制可以作为紧急控制辅助手段，参与系统频率恢复。负荷减载逻辑实现的主要依据是系统频率偏移情况，在具体实现过程中，还可以考虑包含频率变化率的影响。但目前研究阶段，仅将频率偏移量作为负荷减载功能的唯一触发变量。同时，负荷减载仅用作限制频率大幅偏移的补救手段。基本上，一定比例的负荷暂时切除后，系统的动态表现会得到改善，允许发电机根据频率调节功能对频率偏移做出适当反馈。这种机制的优点是当系统频率出现大幅度偏移时可以实现快速响应，迅速稳定系统，并使系统频率恢复至正常值。此外，应必须注意，除频率偏移外，储能设备容量的有限性也要求微电网转入孤岛运行时减载一定的负荷量。该内容将在第 6 章详细讨论，本章暂不考虑储能设备容量的影响。

孤岛形成后系统的恢复过程中，一些被切除的负荷可以重新并网。为了避免并网过程中系统频率的大幅波动，假设并网过程可以分为若干步骤实施。具体步骤数量可以根据负荷减载的百分比确定。这些功能在负荷控制器（LC）中很容易实现。

4.4.3 电压控制

电压控制不是本书讨论的核心问题，但一些和微电网特性相关的内容，仍需予以关注。在低压配线阻抗中，阻性部分要大于感性部分。图 4-6 展示了一个通过低压电缆将 VSI 连接到刚性交流电源的示意图。低压电缆用电阻表示，电感部分可以忽略。VSI 的输出功率为：

$$P_{\text{inv}} = \frac{V_{\text{inv}}^2}{R_C} - \frac{V_{\text{inv}}V_{\text{grid}}}{R_C}\cos\delta \qquad (4\text{-}4)$$

$$Q_{\text{inv}} = \frac{V_{\text{inv}}V_{\text{grid}}}{R_C}\sin\delta \qquad (4\text{-}5)$$

式中　P_{inv}——逆变器有功输出；

Q_{inv}——逆变器无功输出；

V_{grid}——刚性交流电源电压；

V_{inv}——逆变器终端电压；

R_C——低压电缆电阻；

δ——逆变器和系统电压间的相角差。

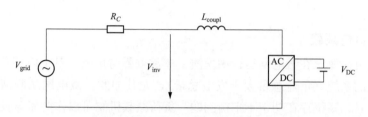

图 4-6　VSI 通过低压电缆（阻性）连接到刚性交流电压源

式（4-4）和式（4-5）表明有功潮流和电压幅值有关，无功潮流和线路两端的电压相角差有关，表明可以通过有功功率控制电压幅值，通过无功功率调节系统频率。但采用这种控制原则，将无法实现功率调度，因为每个负荷都倾向于由最近连接处的发电机完全供电。因此，应采用前文介绍的下垂特性控制法[126]。

在微电网中，微型电源的无功输出不能用于电压调控目的。在单主运行系统中，微电网孤岛运行时，系统电压由 VSI 联网处节点电压决定，PQ 控制逆变器的运行则受无功功率控制。在这种情况下，PQ 控制逆变器的无功输出调节主要用于其他目的，如改善附件连接负荷的功率因数、降低微电网网损等。例如，微电网网损最小控制策略要求在 MGCC 中运行优化算法，确定每个微型电源的无功运行点。在本书研究中，电压控制没有进行简单化处理，采用了局部功率因数校正方法。最终，经 PQ 控制逆变器联网的微型电源可以根据无功运行定值控制无功输出，对并网连接点附近负荷的功率因数进行补偿。孤岛系统内的无功平衡由 VSI 统一调节。

当采用多主运行控制策略时，电压参考值由不同节点处的 VSI 共同决定。在这种情况下，应用无功—电压下垂特性进行调度，调试过程有可能在 VSI 间形成电流环网，具体情况取决于各逆变器的无功配额及 VSI 的空载电压。下面例子将对该问题进行说明，如图 4-7 所示，两个 VSI 经低压电缆连接，系统特征已在图中用数字进行了标注。VSI 相关参数见表 4-1。$t=10s$ 时，负荷 S_1 从系统中断开。S_1 断开后系统功率输出及端口电压情况如图 4-8 所示。

由图 4-8 可以看出，VSI2 几乎可以满足负荷 S_2 所有无功需求。因为采用有功-频率下垂特性进行控制，两个逆变器在分担系统有功方面完成良好（在图 4-8 中，两个逆变器的有功曲线几乎一致）。由于电压电缆的高阻特性，VSI1 的端口

图 4-7　两个 VSI 通过电压电缆（高阻性）给负荷供电

表 4-1　　　　　　　　　　　　**图 4-7 中 VSI 参数**

参数	VSI1	VSI2	单位
空载频率	50	50	Hz
空载电压	1.0	1.1	标幺值
有功解耦延迟	0.6	0.6	S
无功解耦延迟	0.6	0.6	S
有功下垂特性	-1.2566×10^{-4}	-1.2566×10^{-4}	Rad·s^{-1}·W^{-1}
无功下垂特性	-3.0×10^{-6}	-3.0×10^{-6}	V（标幺值）·var^{-1}
相角前馈增益	-3.0×10^{-6}	-3.0×10^{-6}	rad·W^{-1}
耦合电抗	0.5	0.5	mH

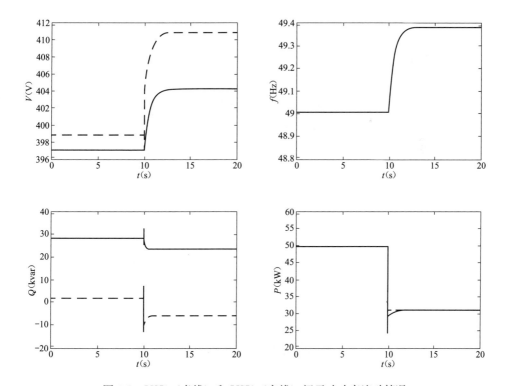

图 4-8　VSI1（虚线）和 VSI2（实线）间无功功率流动情况

电压高于 VSI2,以实现有功潮流从 VSI1 向 S_2 的流动。负荷 S_1 断开后,两个 VSI 必须分担 S_2 对应部分的有功功率。由于负荷 S_1 断开,两个 VSI 的端口电压均上升。系统新状态要求 VSI1 吸收无功功率并升高端口电压(电缆电抗值也是影响原因),并维持有功潮流从 VSI1 向 S_2 的流动。

为了避免无功潮流在逆变器间流动,有必要改变逆变器的无功-电压下垂特性。一个简单的方法是升高 VSI1 的空载电压,减少其对无功的吸收,图 4-9 为 $t=20\mathrm{s}$ 时进一步提升 VSI1 空载电压后的影响效果。观察发现,VSI1 的无功功率输出减少至零,同时两个逆变器也很好地分担了有功功率。

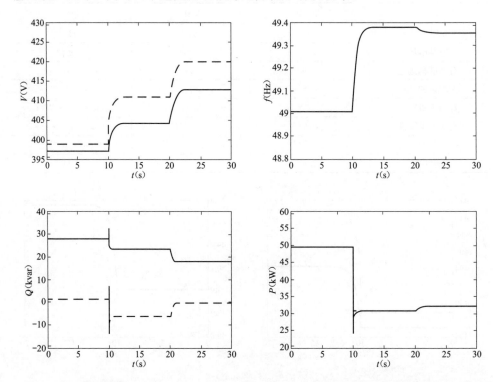

图 4-9 部分负荷切除后,缩小 VSI1(虚线)和 VSI2(实线)间无功功率流动措施采取后情况

前面讨论的微电网紧急控制策略、一次调频控制、二次调频控制、负荷减载机制和电压控制等,均在仿真平台上进行了测试,仿真过程考虑了第 3 章的微型电源动态模型。微电网动态仿真平台的具体细节可参见附录 B。第 5 章将介绍数字仿真的一些结果,其有效揭示了推荐微电网紧急控制策略的可行性。

4.5 低压微电网故障恢复服务

近年来虽然分布式发电量显著的增长,但有关其在系统故障恢复中的应用研究工作开展的很少。传统的故障恢复程序重点关注骨干输电网及其负荷的恢复过程。分布式发电接入系统的基本原则是不危害接入系统的稳定运行，并在故障情况下可及时从系统中切除。此外，其重新并网的条件是配电网已充电，且电压和频率状态稳定。

电力系统传统恢复程序通常在紧急情况发生前完成，采用启发式方法，其反应了人工处理该类事宜的一些经验习惯。相应地，实际电力系统的规模及特殊性，排除了定义统一故障恢复措施的可能性[130]。故障恢复方案需分步实施，制定过程必须遵守既定规则和运行程序，必要时需借助辅助决策支持工具——其对系统运行人员而言及其重要[131]。恢复过程侧重于电厂重新启动准备、电网充电和系统重构。根据系统特点，在接入并同步大部分发电机之前给输电骨干网充电，和先恢复区域孤岛电网然后再联网之间，需进行选择[132]。为了充分发掘系统内日益增长的分布式发电潜在优势，应开拓思路，使其参与尽可能多的系统服务项目，如故障恢复。在故障恢复过程中，可以开发新的控制策略，使输电线路和配电网同时进行故障恢复。这种策略综合利用传统电网在上游输电系统中的恢复策略，同时利用分布式发电单元为孤岛供电，使下游配电网具备参与黑启动服务的能力。与目前电力公司故障恢复策略不同（需等待数小时，在输电线路恢复供电后，才考虑配电网恢复供电和允许分布式发电单元接入），通过开发分布式发电的黑启动功能，可以将配电网划分为若干独立运行的区域单元。上下游电网之间的协调配合，有利于提高供电连续性，增加可恢复负荷数量，缩短故障停电时间[128,133]。

考虑前述微电网概念后，主系统恢复供电前，通过微电网的孤岛运行，可显著减少低压电网客户的停电时间。通过开发微电网的发电和控制功能，还可为低压电网参与黑启动提供服务。若主系统故障导致全网或部分系统停电，且微电网没能成功解列进入孤岛运行状态，主系统又没能在预定时间内实现故障恢复，则将低压电网进行黑启动作为故障恢复的第一步是非常有创新意义的。第一步执行完后，随后的任务是完成低压电网和主系统的并网和同步工作。基于前文介绍的微电网控制策略，并利用微电网通信设施，充分明确微电网服务黑启动的一些特殊事宜后，可以实现微电网故障恢复程序的自动化。电力系统整体故障恢复程序的实施可以双向同时进行：一方面"自上而下"，即从大型电厂开始恢复启动，然后是输电线路充电；另一面"自下而上"，充分利用分布式发电单元和微型发电能力，从配网侧开始启动，然后再考虑不同运行区域电网的同步问题。这种方法可缩短故障恢复时间，并减小大故障情况下的能源停用率[128]。

在传统电网恢复过程中，一些关键问题必须明确，如无功平衡、操作暂态电压、发用电平衡和协调、发电单元启动顺序、保护定值的定义等[134]。在微电网中，由于可控变量的减少（开关、微型电源和负荷），故障恢复过程变得相对简单。还有一点需要指出的是，微电网中缺少传统电力系统中负责电压和频率的同步发电机。如前文所述，在微电网中，许多类型微型电源不适宜直接连网，需使用电力电子接口设备（DC/AC 或 AC/DC/AC）。而微型电源对出力调节控制命令反应慢是微电网控制过程中需考虑的另一问题。此外，低压电网因同步发电机的缺失，系统中需配置储能设备，解决暂态过渡过程中的功率平衡问题。微型电源的电力电子接口设备的控制特性，可用于制定特殊的故障恢复策略。

4.5.1　传统电力系统的黑启动

过去几十年里，全球发生了许多重大停电事故，这些事故除对电力系统本身造成严重冲击外，也给经济和社会生活带来了影响。美国西北部在经历了 20 世纪六七十年代的大停电后，开始高度重视电力系统的故障恢复问题，尤其是系统恢复过程计划的制定和阶段性实现[135]。

尽管电力企业曾多方努力，为提高系统安全水平、降低故障风险制定了许多策略，但大电网的运行状态已接近稳定技术极限，电力市场自由化带来的不确定性进一步增大了重大停电事故的风险。停电事故发生后，需采取的有效措施就是尽可能快速地恢复系统正常运行，在最短时间内恢复最多的负荷供电。这个过程通常被称为黑启动（BS）或故障恢复服务，其定义是：遭受大停电事故的电力系统，在无外界供电帮助情况下，依靠区域内自启动电源设备和系统重构，恢复系统供电服务的过程[136]。

传统电网大停电故障后的系统恢复过程复杂且耗时，并且与系统特点密切相关。因此，电力公司普遍根据电网特点制定满足自身特殊需要的故障恢复策略。故障恢复过程需要发电厂、负荷特性和输电骨干网等（在时间、频率、电压、安全约束等方面）的有机协调，任务艰巨。首先，调度中心的调度员并不需要经常面对这种局面，因为电力系统在设计过程中配置了大量相互协调的保护装置，可有效隔离故障，减少故障对系统的影响程度。其次，在短时间内恢复故障系统供电过程中，需面对极大的压力，同时发电资源的缺乏也将增加完成任务的困难度。此外，恢复过程通常在信息受限条件下执行，如通信通道异常、正常运行所需关键数据的有效性因故障受损等，而且监控系统（Supervisory Control and Data Acquisition，SCADA）和能量管理系统（Energy Management Systems，EMS）在系统设计时很少有效兼顾故障恢复过程[132]。由于电力系统是一个动态系统，故障恢复过程的执行又具有实时性，存在预设事故应对方案无法有效处置未知突发故障的可能性。综合可知，在现有能量管理系统中集成决策支持工具，对故障恢复阶段的调度员有极大帮助[137]。

从数学角度看，故障恢复问题可被视为多目标、多阶段、非线性、受约束的优化问题。该类问题的固有复杂性，阻碍了基于系统方法开发通用故障恢复方法知识库的发展。作为替代，系统调度员多采用试探性恢复方法，这就要求对系统固有特点有充分认识。这种基于系统认知总结而来的方法，可以帮助系统调度员执行故障恢复程序[138]。在能量管理系统中嵌入系统知识库的动力，是由于能量管理系统可以快速获得电网故障相关信息，还具有信息收集速度快、检测质量高、在故障恢复过程中可同时考虑的规则多于普通调度员等特征[137]。关于电力系统故障恢复实践的概述可参考文献［135]。

4.5.1.1　传统电力系统故障恢复策略

电力系统故障恢复的主要目的是在恢复系统供电过程中，最大化负荷供应并最小化停电时间，同时满足安全要求和运行约束条件。虽然供电公司在实现故障恢复总体目标时多和系统自身特点（电气和地理）相结合，但其过程仍分为两种主要类型[132,139]：

（1）自上而下策略：整个系统建构遵循自上而下的故障恢复原则；

（2）自下而上策略：整个系统分为若干孤岛，各孤岛恢复供电后再执行同步过程。

两种策略的共同特点是，均需选择原始电源，即黑启动单元（该单元的启动过程不需要外部系统电源支持）。黑启动单元通常拥有燃气或水轮机组，具有快速启动能力，并可在短时间内和系统同步。在故障恢复过程的初期阶段，应重点关注系统崩溃时被关闭的热单元上。应特别注意的是，在故障恢复的初始阶段，必要的辅助热负荷是缺少，黑启动单元的一些约束条件即和恢复热能供应有关[131,139]。黑启动单元启动后，需努力实现多个单元的并网和同步，增加系统电压和频率的调节能力，使更多负荷恢复供电成为可能。

4.5.1.1.1　自上而下策略

自上而下策略通常应用于发电中心和负荷中心地理位置较远的系统，其目标是构建系统输电框架。这类系统通常包含水力发电和热力发电，且水利发电比例占优[139]。恢复过程中优先对系统输电主干网充电，并安排集中供热服务，然后再逐步恢复其他负荷和发电单元[132]。

在故障恢复过程中存在一些固有限制，与无功功率导致的空载线路过电压有关。当对输电线路充电时，若空载输电线路自身产生的无功功率超过系统充电发电机的无功吸收能力，将导致线路远端出现充电过电压。

4.5.1.1.2　自下而上策略

因系统稳定需要，自下而上的故障恢复方法得到了更广泛的应用。在有关案例中，电网将被分成两个或两个以上的具备自恢复能力的子系统（电力孤岛），各子系统利用自有输电线路和发电单元同时进行恢复活动。各子系统恢复供电后执行并网和同步操作，完成大系统输电网络构建[139,140]。可恢复子系统的边界划分是根据发电中心和负荷中心的地理位置等综合考虑的，确保每个子系统都至少包含一个黑启动单元是有必要的。

在每个孤岛电网启动过程中，负荷并网需缓慢进行，避免引起频率波动导致发电单元跳闸或负荷减载动作。同时，还需保持适当的励磁调节，平衡系统无功和电压的需求。当两个孤岛电网经联络线并网时，需认真评估并网点处的频率差，并通过电压和发电控制对其进行调节和减小，减少同步过程中的不稳定因素[134]。

在孤岛电网恢复过程中，仅有部分负荷可以供电，并需满足热负荷服务的最低需求，保持孤岛内电压水平稳定。按此原则，当有两个及以上孤岛启动后，将其逐步联网和同步，直到所有运行孤岛形成统一网络，再逐步恢复系统负荷[141]。

虽然上述过程在电力系统故障恢复中广为采用，但其中包含的一些限制条件需要注意，如系统内具备黑启动能力单元的数量、按既定频率和电压限制调节发用电需求的能力、与相邻系统进行同步的可测量同步连接点的可用性等[139]。

4.5.1.2 电力系统故障恢复方案

目前，电力系统调度员应对系统重大扰动的恢复方案均是预先设定的。在准备有关方案时，为了评估方案的可行性，需应用多种数字仿真工具，包括潮流分析、暂态稳定分析、电压稳定分析、机电暂态程序、长期动态仿真程序、短路分析程序等[142]。这些软件工具包含一系列在线和离线程序，可以描述电力系统恢复过程中的暂态、动态和稳态行为。故障恢复方案是在软件工具仿真结果严格分析基础上，结合运行人员经验和对具体系统控制问题的认知后制定的。由于每隔若干年，电力系统负荷模式和电力设备等方面都会发生一些永久性变化，有必要对相应的故障恢复方案进行定期更新。

一般情况下，电力系统故障恢复需基于各供电公司根据实际需求制定的指导原则进行实施。为了给系统恢复问题提出通用解决框架，文献［143］尝试对故障恢复方案进行系统化。该文推荐算法将非线性优化问题进行了公式化，并提供了寻找满足稳态运行约束条件的最佳控制变量集方法。推荐方案还致力于消除试验方法误差，缩短故障恢复时间。该文采用的优化原则是，在故障恢复不同阶段均满足指定母线电压偏离预设值误差最小。但该方法仅考虑了各恢复阶段成功后的稳态情况，忽略了可能影响方案实施的动态限制因素。

如前文指出，电力系统故障恢复方案是在大量仿真研究基础上制定的，以确定整体故障恢复方案在各阶段的可行性。但实际工作中，运行人员最终拿到的通常是一些被具体化的操作清单。这些故障恢复方案操作清单可能拥有影响故障恢复策略整体执行效果的重大缺陷[144]：

（1）调度员难以理解整体方案；

（2）各种恢复行动间的优先顺序没有清晰描述；

（3）对发生在故障恢复阶段的一些变化很难深入认知；

（4）调度员培训周期难以确定；

（5）方案咨询延迟；

（6）忽略时间持续问题。

为了克服上述困难，一种基于关键路径法（Critical Path Method，CPM）和计划评审技术（Program Evaluation and Review Technique，PERT）图理论在文献［145］中第一次被提出，并在文献［144］中得到了进一步发展。这些工具都是有用的资源，能够为已有故障恢复方案提供可视化服务并助其实施。这类技术方案的应用优点体现在：

（1）具备友好图形化接口，在故障恢复过程中能够指导调度员操作，并可提供恢复行动优先顺序参考；

（2）在故障恢复过程中发生未曾预料的事件后可以帮助调度员选择最合适的行动顺序；

（3）能够对一下故障恢复方案的特点进行评估，尤其是对恢复持续时间进行评价；

（4）可以验证为缩短故障恢复时间所做的投入。

4.5.1.3　电力系统故障恢复过程中的特殊问题

所有故障恢复程序的最终目的都是为了快速恢复用户供电。为了获得这一目标，必须重启电源、强化输电网络，提高系统运行的安全稳定性，并确保用户侧的电能质量参数在可接受范围内。基于一般考虑，将电网分割成独立子系统并根据其特点分别启动的方法很常用，也存在开发一种通用的流程和指导原则提升故障恢复方案效果的可行性。但是，必须开发一些特殊和详细的恢复方案以满足不同系统的具体需求[139]。考虑到具体恢复方案的差异性，下面仅简要讨论故障恢复策略中的一些共性问题。

4.5.1.3.1　黑启动能力和发电单元启动条件

电源的恢复是故障恢复程序初期控制活动关键内容之一。在初期恢复阶段，黑启动单元的启动至关重要，其将为其他没有黑启动能力的发电单元提供辅助供电服务。黑启动单元通常包含燃气轮机（冷启动周期约为 15min）或水电机组[139]。黑启动单元恢复后，优先为热电单元附属系统供电。通常，在该阶段需恢复一些负荷用电,以满足系统有功平衡需要,但供电负荷容量受系统内运行的热电单元最小用电量门槛的限制。

在故障恢复过程中,需考虑与热电单元相关的延时要求。例如,一些热电单元的重启时间必须满足一定延时限制(冷启动),另一些与电网同步时,对同步延时也有一定要求(热启动)。由于一些热电单元在规定时间内并网失败,后续一段时间内将禁止再次并网尝试,故应优先确保热电单元的重新启动。除了上述因素,还需了解初始恢复活动中其他类型延时要求的必要性,如关闭和重启间隔、重启和同步间隔、同步和技术最小负荷间隔、技术最小负荷和满负荷间隔[130,132]等。

为了确定发电单元的启动顺序,一些电力公司根据原动机在负荷突然投入时的响应能力,制定了反映有功、无功可用性的时间表(负荷-发电平衡预测)。这些图表可以帮助调度员基于离线近似分析构建一些简单的指导原则[137]。

4.5.1.3.2 开关操作

发电单元准备完成后,电网也应完成充电准备。开关操作的执行目的是恢复电网结构。在初始阶段,应优先选择投入黑启动单元和对时间间隔要求严格且辅助设备需要电力供应的热电单元间的线路。此外,初级恢复阶段的合闸顺序应提前安排妥当。输电系统故障恢复阶段开关操作可分为两大类[130]:

(1)全部打开:根据系统调度员要求,用 EMS 程序打开所有变电站的线路开关。

(2)控制操作:根据恢复操作步骤,控制投入必要设备恢复电力系统。

4.5.1.3.3 电压和无功控制

电力系统恢复初期,高压电网充电过程中产生的过电压可以分为三类[146]:

(1)持续工频过电压。其由轻载输电线路的充电电流产生。持续过电压对断路器、避雷器和电力变压器都是严重问题。一般情况下,当过电压为 1.2(标幺值)时,电力变压器可以持续承受 1min;当过电压水平达到 1.4(标幺值)时,电力变压器和避雷器仅能承受 10s。为了评估和确定持续过电压,可以进行简单的潮流分析。并联电容器的隔离、同步发电机欠励磁、并联电抗器并网、仅对高负载线路充电、并联电抗器运行在不同触头位置上以消耗系统无功等措施均是控制恢复过程中持续过电压的有效手段。

(2)暂态过电压。其通常由长距离输电线路充电或并联电容器的投入产生。这类暂态过电压衰减快速,持续时间短暂。然而,当其和持续过电压联合作用时,将对避雷器造成严重影响。但如果持续过电压水平可以合理控制并维持在 1.2(标幺值)以下时,暂态过电压对系统充电过程而言,将不再是关键的影响因素。切换暂态过程评估时可以采用电网的 RLC 模型(线路和变压器),将发电机当作理想电源,负荷逆变器则等值为等效阻抗[147]。

（3）谐振过电压。持续过电压将导致电力变压器过励磁（饱和励磁），增加其空载（或轻载）状态下的谐波含量。如果系统阻抗和线路电容的综合阻抗呈容性，则可能会导致谐振现象。一般采用分析快速暂态现象的软件，利用系统元件详细数学模型，分析和识别谐振发生的可能条件。

在电力系统故障恢复初期阶段，需考虑的另一个问题是同步发电机的无功容量曲线。该曲线通常由制造商提供，定义了发电机在额定电压下的一些功能参数，还显示了不同出力状态下发电机各部位的发热影响（如转子和电枢）和（P，Q）计划中的运行限制。此外，向同步发电机辅助系统供电时，这些系统的特殊要求会进一步限制发电机的无功容量。文献［148］对辅助系统的制约因素进行了概述，并介绍了一种方法，可以计算这些限制因素对发电机无功曲线的影响。文献［149］对有关问题做了进一步研究，并介绍了一种为获得理想无功容量，选择发电机升压变压器和辅助系统变压器理想触头位置的方法。

4.5.1.3.4 频率和无功控制

在电力系统故障恢复过程中，发用电功率需保持平衡，以确保频率稳定，避免出现较大的频率偏差。在故障恢复初期阶段，系统中同步发电机数量少，系统惯量低，系统稳定性减弱。因此，负荷恢复时应缓慢增加，并和运行发电机的惯量及响应能力相匹配。负荷小幅增长措施将延长故障恢复持续时间。但采用大步幅恢复负荷时，会导致无法恢复的频率下降，或引发新的停电事故[139]。

负荷恢复容量取决于主要发电机的响应能力。作为首要原则，恢复过程中，小型辐射状负荷供电应优先于大型和网络状负荷，并保持合理的有功和无功消纳比例。配备低频保护的馈线应在系统频率相对稳定后投入[134]。为了评估不同类型发电机原动机响应能力在故障恢复阶段的影响，文献［150］开展了不同阶段可安全恢复负荷最大容量的研究，并评估了系统损失最大容量发电机情况下，为维持系统稳定，系统所需功率储备及负荷在各发电机间的分配情况。

在故障恢复初期，掌握不同时段待恢复负荷的有功和无功近似容量非常重要。随着停电事故持续时间的延长，负荷功率因数的一致性也在增加。在恢复过程中，负荷的波动情况与负荷的峰谷需求、负荷功率因数、功率因数修正情况、负荷类型及联网负荷总量等有关。文献［151］提出了一种方法，可以预测停电事故发生后需求峰值的大小和持续时间。作者认为电力供应服务中断 1h 后，负荷需求峰值的大小和持续时间将非常大，在制定故障恢复计划时必须给予特殊重视。

故障恢复初始阶段结束时，输电回路主干网重构完成，部分负荷并网以稳定系统，热电机组输出功率高于最小技术限值，大部分负荷将在第二阶段恢复。在故障恢复第二阶段，电压和发电机运行定值需根据负荷恢复计划进行更新。同时，输送功率受待充电回路限制。负荷恢复顺序理想方案的确定是一个多约束条件的优化问题。为了解决该类问题，文献［152］提出了基于遗传算法的解决方案。该方法试图在系统输电框架基本建立情况下，针对故障恢复初始阶段的不同工况，提出最理想的故障恢复方案。为了评估遗传算法适应度函数中的系统变量，并避免违反电力系统技术要求（电压水平、过载、频率偏移、发电机技术限制等），需要用长期动态仿真软件进行仿真计算。根据优化程序分析结果，作者发现对于相同的故障恢复初始条件，有多种适用故障恢复方案存在的可能性。为此，需进一步开发优化程序，生成差异对（系统初始状态，优化的负荷恢复顺序），并用决策树确定两者间的关系。虽然优化过程是一个非常耗时的任务，但将一些先验知识集成在决策树中后，可以被有关计算模块快速集成调用，为系统操作员提供实时支持。

4.5.1.4 传统电力系统和微电网故障恢复比较

在对传统电力系统故障恢复技术进行简单回顾后，下面将讨论和总结传统电力系统和微电网在故障恢复策略中的一些差异。

在传统电力系统中，因控制中心智能系统少，故障恢复过程需要调度员的强力参与。虽然传统电力系统不断自动化改造，人工因素依然是运行过程中不可或缺的环节。在微电网中，先进的通信和控制系统是其基础组成部分。在这种情况下，微电网中先进的控制系统可以自动运行（不需人为干预）。与传统系统相比，微电网中需要控制的设备数量将趋于减少。微电网通信系统需满足不同场景下的通信需求，这点和传统系统对通信功能的要求相同。

在传统电力系统中存在运行规则和合约，详细规定了一线生产商和控制中心在故障恢复过程中的职责分工。在微电网中，一些微型电源，如 SSMT，在故障恢复过程中将发挥重要作用（由于其恢复过程不需要外部系统电力支撑）。因此，该类微型电源也将承担类似契约责任，以便在故障恢复初始阶段快速启动。有关方案需提前落实，避免故障恢复阶段才进行有关协商，增大故障恢复风险和停电延时。

在传统电力系统中，为不具备黑启动能力的热电机组寻找供电路径并向其供应稳定电能存在一定困难，因为大停电后的系统可能会遭受巨大损失，输电系统的网络结构因隔离故障和受损部分发生重大改变。而在低压微电网中，因其电网结构呈辐射状，为不具备黑启动能力的微型电源寻找供电路径比较容易。一般情况下，主系统输电网络故障导致的大停电不会对低压微电网中的设备造成严重影响（设备受损程度），故可以认为即使发生了大停电事故，微型电源的重新启动也会非常快速。

如前文所述，故障恢复过程中的常规做法是，在初始阶段先打开所有断路器，确保故障恢复初始阶段，系统所有负荷均被有效隔离。在微电网中，有关概念需要转变和修订。首先，当系统中有可控负荷时，在故障恢复初始阶段将它们从系统中隔离有利于制定故障恢复方案。其次，若不能将所有负荷全部隔离时，需研究如何在故障恢复初始阶段，有效控制系统频率和电压的波动范围，以免对不可隔离负荷造成严重影响。最后，当前述方法无效时，对无法隔离负荷增加受MGCC 控制的开关设备，在故障恢复的初始阶段将所有负荷隔离。

自下而上恢复策略是电力系统常用方法。对微电网而言，也可采用类似方法。在用该方法恢复系统时，需将微电网进一步划分为若干具备自启动能力的区域，故障恢复初始阶段，各区域内具备黑启动能力的微型电源同时启动，为相邻负荷供电并维持发供电平衡。当这些孤立区域恢复完成后，再将这些区域并网和同步，实现微电网的自下而上恢复。恢复过程中，微电网的电压和频率控制因采用下垂特性控制理论，可采用简单方法评估负荷接入影响。此外，由于可控负荷的存在，在微电网恢复过程中可以实现对各类负荷的精确控制。

4.5.2 微电网黑启动

基于前文讨论的微电网控制策略和微电网通信设施的充分利用，为了实现微电网故障恢复服务过程的完全自动化，需处理和明确一些关键事项。微电网黑启动活动将受 MGCC 软件的集中控制。基于这种理念，在故障恢复过程中，黑启动软件模块将负责控制一系列的规则和条件检查。这些规则和条件定义了故障恢复过程中实施的各类活动顺序，需事先确定并存储在软件系统内。恢复程序需考虑的主要步骤包括[128]：

(1) 建立低压网络；

(2) 微型电源并网；

(3) 控制电压和频率；

(4) 连接可控负荷；

(5) 在条件具备时，微电网和上游中压网络同步。

微电网恢复程序将在下述情况发生时启动：全网或部分大停电，中压网络受损，无法在规定时间内给微电网供给电能。MGCC 也将接收来自 DMS 中压侧恢复状态的信息，协助就地黑启动程序的实施。图 4-10 为 MGCC 的工作流程，即如何检测停电事故发生，以及何时启动微电网黑启动程序。

微电网保护方案也是故障恢复服务中必须考虑的一个问题。包含同步发电机的传统电网可以提供巨大的故障电流，有助于保护装置实现动作的快速性和有效性。在微电网中，发电单元通常经逆变器并网，其提供的故障电流很小，仅能用于传统保护的过电流判断。因经济原因，逆变器的过负荷电流有设计限制，在孤

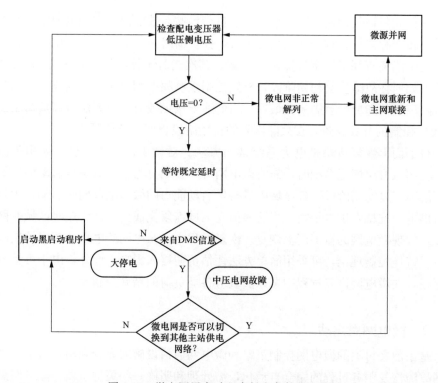

图 4-10　微电网黑启动程序触发条件流程图

岛运行时，微电网的故障电流与负荷电流的比率与传统系统相比小得多。因此，低压微电网的保护方案需重新设计。一个简单的方案是将电流敏感性继电器和隔离断路器（替代传统的熔断丝）配置在低压馈线中，当故障发生时由过电流保护跳开短路，从而减小微电网故障影响范围[153]。由于黑启动程序涉及微型电源逐步并入低压系统的过程，保护安装处的短路电流也将随之逐步变化。因此，在这种保护方案中，MGCC 需按需更新保护装置定值，以适应故障恢复进程，有效检测和隔离微电网故障。

4.5.2.1　一般性假设

微电网就地控制器和通信设施对故障恢复方案的成功实施至关重要。因此，应采用一些小型辅助供电单元为通信网络和就地控制器（负荷控制器和微型电源控制器）单独供电。另一个基本要求是微电网需配置具备黑启动能力的微型电源，这涉及该类发电设备启动时的自主供电问题。微型电源的重启程序在构建低压电网前执行，因此不体现在低压电网恢复流程中。除上述基本条件外，还要求微电网具备如下工作条件：

（1）实时更新系统信息，获取扰动前系统信息，包括微电网内负荷和发电状态，及具备重启能力的微型电源情况。在正常运行时，MGCC 定期接受来自负荷控制器和微型电源控制器的功率消耗及发电情况信息，并将有关信息存储到数据库中。此外，数据库中还保存了各类微型电源的技术特点和运行信息，如有功、无功出力限值等。这些信息将在停电故障发生后用于恢复关键用户负荷。

（2）准备网络充电。系统崩溃后，微电网负荷和发电单元将从低压电网中隔离出来。同时，中压/低压配电变压器也将从低压和中压网络中切除。

在制定黑启动程序时，假设具备黑启动能力的微型电源是 SSMT 和微电网主储能设备。同时假设，至少在黑启动的初始阶段，微电网的控制可以采用多主控制模式，这是因为多个 VSI 可以并行工作，并可在黑启动程序的最后阶段转换为单主控制模式。

4.5.2.2 微电网黑启动顺序

系统大停电后，MGCC 将根据数据库中微电网最后负荷场景信息在低压电网中实施故障恢复服务，顺序如下[128]：

（1）以具备黑启动能力的微型电源为中心，将微电网分成若干区域，微型电源可以为本区域内（受保护）负荷供电。这一行为先将微电网分割成若干孤岛，留待后期再进行并网同步。在此情况下，每个具备黑启动能力的微型电源启动后都将为部分负荷供电，这有利于微型电源的稳定运行。

（2）构建低压输电网络。微电网主要储能设备的作用是先为部分低压电网充电，然后再逐步将不连接负荷和电源的线路并入充电网。由于推荐采用 TN-C-S 系统[154]，在低压电网充电过程中，需注意微电网中性点接地问题。微电网中性点接地地点应选在储能设备侧。

（3）小型孤岛并网。处于独立运行状态的微型电源将逐步并入低压电网，并网条件（相序、频率和电压差）由当地微型电源控制器检测，并经 MGCC 控制启动，避免出现大的并网电流损害逆变器运行。

（4）当低压电网并网微型电源具有供电潜力时，将可控负荷并网。在计算并网负荷容量时，应考虑必要的功率储备，避免负荷并网过程中电压和频率的剧烈波动。由于电机类负荷在启动时需吸收大电流，应引起足够重视。

（5）不可控微型电源或不具备黑启动能力的微型电源并网时，如太阳能电池板（PV）和微型风力发电机等，系统微型电源应处于合理负载状态，应能够平抑不可控微型电源并网时因潮流波动引发的电压和频率偏移，确保不可控微型电源成功并网。低压电网也可提供必要路径，为不具备黑启动能力的微型电源从系统汲取启动功率创造条件。

（6）增加负荷。为了尽可能多的恢复负荷，根据系统发电容量，将其他类型负荷逐步并网。电机类负荷启动电流大，需引起重视。但在主要微型电源开始为低压电网供电后，大规模的电机类负荷也应逐步投入，以增大系统短路功率。

（7）改变微型电源逆变器的控制模式。微电网主要储能设备的逆变器工作在 VSI 模式，为系统电压和频率提供参考值。系统中其他具备黑启动能力的微型电源逆变器若也工作在 VSI 模式，则可以转变为 PQ 控制模式。

（8）条件具备时将微电网和主系统联网。收到来自 MGCC 的并网指令后，就地控制器应重新校核同步条件。在同步前，配电变压器先经中压侧充电，然后通过合低压侧开关进行并网操作。

在微电网恢复阶段，应对系统电压和频率控制（或 VSI 间的无功流动情况）给予特别关注。为了确保恢复过程中微电网稳定运行，应采用 4.4 节中讨论的电压和频率控制原则。

4.6 小　　结

本章介绍和讨论了适用于微电网孤岛运行工况的控制策略。这些控制策略的必要性体现在微电网具有进一步开发利用的潜力，具有局部自愈能力，可以减少用户停电时间。第 5 章将通过大量的数字仿真，证明本章讨论控制策略的可行性。

在微电网中，逆变器运行控制的目的是为了稳定电压和频率，以适应负荷和发电情况的随机变化。微电网的自然特性，即大大缩小的系统惯量和呈现高阻状态的低压线路，要求为电压和频率控制提供特殊策略。此外，在拥有大量微型电源的系统中，通过通信方式进行联络控制可行性差，这也意味着逆变器控制系统应建立在就地信息数据上。这里介绍和讨论的控制策略不依赖于复杂的通信系统，其能够在扰动发生后有效控制系统运行。无论如何，通信系统应用的唯一目的是改善系统整体运行情况，其不是系统不可或缺的控制环节。

目前，在微电网的应用扩张中，尚存诸多技术和经济障碍。为了充分挖掘微电网应用价值，需对传统电力系统控制中心做大量的改造和更新工作，尤其是在利用其帮助系统故障恢复方面。大停电后设备失效使传统电力系统故障恢复工作异常艰难。若外部故障对微电网设备没有造成严重影响，微电网黑启动可作为紧急电源。适用于微电网黑启动及后期孤岛运行的控制策略，及一系列规则和条件说明，也在本章进行了介绍和讨论。希望本书所探索的输电网和配电网并行恢复的故障恢复策略，可以有效缩短电力系统故障恢复时间。

5 孤岛和黑启动状态下的微电网紧急控制策略评估

5.1 简　　介

前一章介绍和讨论了适用于孤岛运行及黑启动条件下的微电网控制策略。本章将通过大量的数字仿真试验，评估有关策略的表现。因此，将在 MatLab®/Simulink® 环境内创建仿真平台，实现对连接在低压电网中、包含多种微型电源和储能设备的微电网的动态仿真分析，并对推荐的微电网孤岛运行控制策略进行验证。基于 MatLab®/Simulink® 环境仿真平台的细节信息，请参见附录 B。

前文曾提到，微电网孤岛状态可以是人为的，如上游中压电网例行检修时计划停电，或因中压系统发生故障等意外使然。基于仿真平台进行的试验测试结果，将揭示两种情况下微电网的动态表现，及为维持系统稳定运行需考虑的不同条件。为完整检测所推荐的控制策略在不同运行工况下的正确性，根据不同发电和用电水平，仿真测试假设了多种场景。

为了研究和评估故障恢复顺序的可行性，开发了两种仿真平台，应用于低压电网案例的测试工作。第一个平台是在 MICROGRIDS 项目框架内开发的 EMPT-RV® 工具，可以分析故障恢复初始阶段的快速暂态过程，具体内容参见文献 [155]。第二个平台建立在 MatLab®/Simulink® 环境中，主要进行长延时仿真，可以评估故障恢复阶段微电网孤岛状态及随后控制活动的动态行为。

5.2 微 电 网 测 试 系 统

本书相关研究课题中采用的低压电网系统源自 MICROGRIDS 项目中的定义，并经适当修改，系统最终拓扑结构如图 5-1 所示[156]。该低压电网系统包含一台中/低压配电变压器和两条低压馈线。其中一条低压馈线为一个工业用户供电，并连接两台 30kW 的单轴微型燃气轮机（SSMT1 和 SSMT2）。工业用户负荷种类包括感应电动机负荷和恒阻抗负荷。另一条馈线为居民小区供电，负荷用户包括两个公寓楼和一些居民楼。在居民区内有若干微型发电设备并入低压电网。部分居民用电负荷种类假定为感应电动机负荷。微电网主要储能设备（飞轮，电池组或超级电容器）经低压电缆连接到母线 1，并确定微电网可以进入孤岛运行。低压系统中，微电网隔离断路器装设在配电变压器低压侧。微电网的负荷峰值为 179kVA，内部微型电源总容量为 155kW。储能设备容量不计入电源总容量，其仅在微电网向孤岛状态转换过程中向系统注入能量。由于微电网内部微型电源不够支持其负荷高峰需求，故微电网进入孤岛状态运行的条件是其内部必须有部分负荷可以切除，以确保微电网向孤岛运行模式转换过程中系统发用电功率的平衡。仿真系统相关数据将在附录 A 中说明。

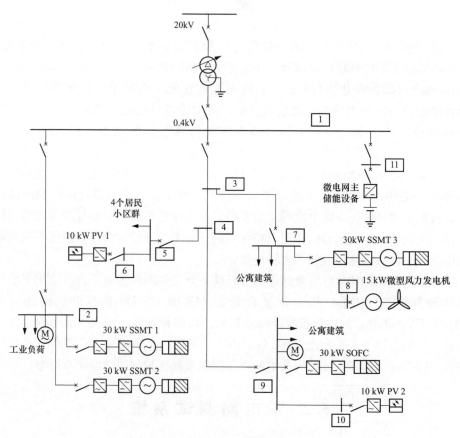

图 5-1　低压微电网测试系统

本书所采用的微电网元件动态模型及推荐的控制策略将在 MatLab® /Simulink® 环境中测试，仿真平台的建设需要用到的建模工具有通用控制模块和 SimPowerSystems 库文件。在仿真平台中，所有的微型电源模型都基于模块方式开发，以便在仿真案例中快速应用。为了配合负荷减载策略的实施，部分可控负荷配置了减载措施。

5.3 计划形成的孤岛运行微电网

孤岛微电网的形成原因，既可以是计划安排，也可能是偶然故障所致。当按计划形成孤岛微电网时（例如，由于例行检修任务安排孤岛运行），可以考虑重新调整微电网内可控微型电源的出力水平，分担微电网负荷，或切除部分重要性低的负荷，以减少微电网和上游中压系统网络间的功率交换。换句话说，计划孤岛运行应事先处理微电网内部发用电间的平衡问题，减少从上游中压电网中汲取的功率量。为说明有关内容，将用仿真平台评估和展示微电网计划孤岛运行形成过程的暂态现象。

假设孤岛微电网运行在单主控制模式下，即一个电网构建单元负责调控微电网孤岛运行过程中的电压和频率。解列前微电网内部负荷和发电状态见表 5-1，其中母线 1 的输出功率指微电网与中压系统间的功率交换值。在示范案例中，微电网负荷总量为 110.5＋j45.5kVA，发电总量为 75.0＋j37.1kVA，微电网从中压电网汲取功率量为 35.5＋j45.5kVA。微电网解列前，MGCC 为每个微型电源重新设定了功率运行点，以减少微电网从上游中压电网汲取的功率值。图 5-2 和图 5-3 分别对应于 t＝10s 时重新设置可控微型电源输出功率、t＝120s 微电网解列条件下，每个可控微型电源的有功及无功输出情况。当 t＝120s 时微电网解列，由于其和中压电网间的功率交换量已被有效控制，解列对微电网的冲击非常小，几乎可以忽略不计。每个微型电源接受新的功率运行点后，按自己的动态响应时间调整输出功率，响应过程可参见图示。从图 5-2 和图 5-3 中可以看出，在微电网解列前，微电网从上游中压电网中汲取的有功功率和无功功率几乎被压缩至零。

表 5-1　　　　　　　　　　微电网解列前发电和负荷情况

母线	负荷		发电量	
	P(kW)	Q(kvar)	P(kW)	Q(kvar)
1			35.5	8.4
2	47.6	22.8	29.5	15.3
5	12.1	4.0		
6			5.0	0.0
7	30.0	10.9	14.8	8.2
8			10.4	0.0
9	20.8	7.7	10.3	5.1
10			5.0	0.0
11			0.0	8.5
合计	110.5	45.5	75.0	37.1

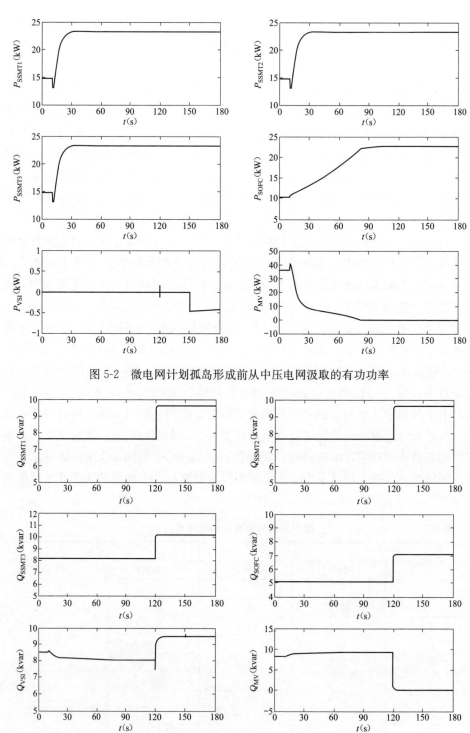

图 5-2　微电网计划孤岛形成前从中压电网汲取的有功功率

图 5-3　微电网计划孤岛形成前从中压电网汲取的无功功率

图 5-4 为微电网节点电压在微型电源输出功率重新调整过程中及微电网解列前后的变化情况。从节点电压看，微电网孤岛形成过程的暂态变化几乎可以忽略不计。同样也可以看出，每个节点的电压变化过程曲线和相应微型电源的发电功率曲线相似。例如，SSMT1 的端电压与其有功输出的波形相似。这种表现结果是系统有功潮流和节点电压间的耦合关系决定的，在电阻占优势地位的电网中，如低压电网，这种特点非常明显。

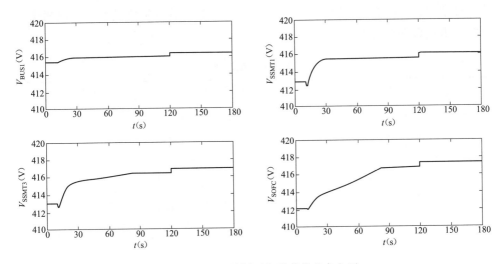

图 5-4　微电网计划孤岛形成前节点电压

5.4　非计划形成的孤岛运行微电网

上游中压电网发生故障后要求微电网能够快速解列，从故障系统中隔离出来。这种故障穿越能力将减少微电网区域内，尤其是关键用户的停电时间。当中压系统发生故障后，假设安装在微电网公共耦合点（Point of Common Coupling, PCC）处的保护装置可以快速动作，打开连接开关，将微电网从故障系统中分离出来。与计划孤岛过程不同，为了减小孤岛形成过程中的暂态冲击现象，微电网在故障发生前无法调整微电网内部发用电功率情况。在微电网解列前，其内部的发电和用电水平存在大范围波动的可能性，这将导致微电网从中压电网中汲出或馈入的能量大小处于不确定状态。这就要求微电网控制策略能够很好应对各种工况，实现孤岛运行模式的平滑过渡，不受微电网和中压系统间功率交换情况变化的影响。无计划的微电网孤岛转换过程的动态表现，与解列前系统运行条件以及微型电源的动态响应能力息息相关。后续章节将对不同运行工况下微电网解列过程进行评估，分析结果将充分展示所推荐的控制策略的可行性。

5.4.1 微电网运行场景

为了评估所推荐的微电网紧急控制策略的表现情况，定义了三种运行工况：两个工况（工况 1 和工况 2）针对微电网从中压电网汲出功率状态，一个工况（工况 3）针对微电网向中压电网馈入功率状态。表 5-2～表 5-4 显示了不同工况下微电网发电单元运行状态，及恒阻抗负荷、感应电动机负荷等负荷分类后的功率消耗情况。在所有的工况中，均假设电机类负荷工作在额定功率下。电机类负荷相关电气数据参见附录 A。

表 5-2   工况 1 特征描述

母线	恒定阻抗负荷		感应电机负荷		发电量	
	$P(kW)$	$Q(kvar)$	$P(kW)$	$Q(kvar)$	$P(kW)$	$Q(kvar)$
1					66.1	16.8
2	39.0	14.7	17.5	11.5	19.7	15.3
5	16.0	5.2				
6					5.0	0.0
7	39.5	14.4			19.6	8.2
8					10.4	0.0
9	17.7	4.0	7.4	4.6	12.4	5.1
10					5.0	0.0
11					0.0	9.3
合计	112.2	38.3	24.9	16.1	138.2	54.7

表 5-3   工况 2 特征描述

母线	恒定阻抗负荷		感应电机负荷		发电量	
	$P(kW)$	$Q(kvar)$	$P(kW)$	$Q(kvar)$	$P(kW)$	$Q(kvar)$
1					30.6	12.0
2	28.1	10.4	17.5	11.7	29.5	12.7
5	11.3	3.7				
6					5.0	0.0
7	28.1	10.2			14.8	5.7
8					10.4	0.0
9	12.6	2.9	7.4	4.6	10.3	4.4
10					5.0	0.0
11					0.0	8.6
合计	80.1	27.2	24.9	16.3	105.6	43.3

表 5-4	工况 3 特征描述					
母线	恒定阻抗负荷		感应电机负荷		发电量	
	P(kW)	Q(kvar)	P(kW)	Q(kvar)	P(kW)	Q(kvar)
1					−26.7	12.6
2	25.7	9.5	17.5	11.8	52.7	12.1
5	10.3	3.4				
6					6.0	0.0
7	25.8	9.4			23.5	5.1
8					14.0	0.0
9	11.6	2.6	7.4	4.7	23.4	4.2
10					6.0	0.0
11					0.0	7.8
合计	73.8	24.9	24.9	16.5	98.9	41.8

在表 5-2～表 5-4 中，母线 1 的发电功率指微电网和上游中压电网间的交换功率，正值表示微电网从中压电网中汲出功率，负值表示微电网向中压电网馈入功率。微电网控制策略的表现情况将通过 3 个案例的数字仿真进行评估。在仿真过程中，微电网孤岛运行时的单主控制模式和多主控制模式均得到了验证。

5.4.2 单主控制策略

现重点介绍微电网紧急控制策略在单主运行模式下的可行性。在案例研究中，采用一个 VSI 作为微电网构建单元，联网方式如图 5-1 所示。通过仿真展示微电网在上述不同工况下的动态行为，假设中压电网在 $t=10s$ 时发生三相短路故障，100ms 后微电网解列，即微电网在 $t=10.1s$ 时进入孤岛运行状态。

5.4.2.1 微电网从中压系统吸收功率情况

为了说明所推荐的微电网紧急控制策略（一次调频控制、二次调频控制、负荷减载机制）的必要性，下文将陆续列出一些反应各种控制策略实施效果的分析结论。为此，首先研究微电网进入孤岛状态后仅一次调频控制策略起作用（即仅靠有功/频率下垂控制调节系统频率）时的系统动态响应情况。图 5-5 为微电网进入孤岛状态后的动态表现。微电网内发电量和用电负荷之间的不平衡部分将由储能设备（VSI）负担，频率下降受电压源逆变器的有功/频率下垂特性定值控制。由于系统功率仅受电压源逆变器下垂特性控制，其他类型可控微型电源的出力状态将保持故障发生前水平。

仿真结果显示，微电网解列后没有出现稳定问题。在孤岛形成的瞬间，微电网的稳定性主要靠连接在 VSI 上的储能设备维持。且在随后的孤岛运行状态调整过程中，若无其他措施调节系统内发用电状态，储能设备将被迫持续向系统注入

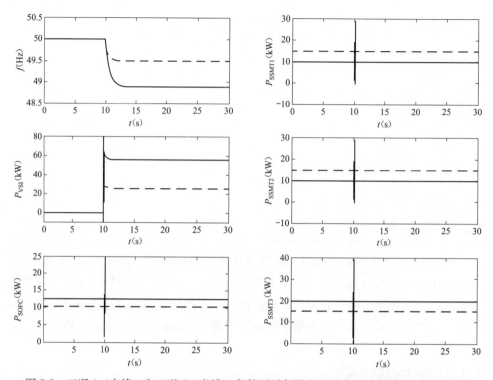

图 5-5　工况 1（实线）和工况 2（虚线）条件下孤岛微电网形成过程中系统频率和可控
微型电源的动态表现，仅考虑下垂控制特性

功率。为平衡系统内发用电水平，并使系统频率恢复到指定状态，将使用二次调频控制策略调节可控微型电源（SOFC，SSMT1，SSMT2，SSMT3），仿真过程如图 5-6 所示。结果显示，在微电网进入孤岛状态的初始阶段，主要由储能设备

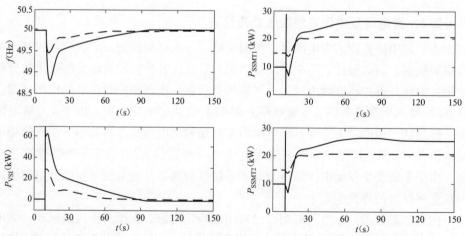

图 5-6　工况 1（实线）和工况 2（虚线）条件下孤岛微电网形成过程中系统频率和可控
微型电源的动态表现，考虑下垂控制特性和二次有功功率—频率控制（一）

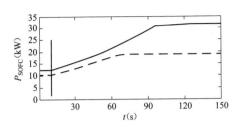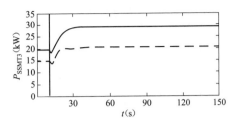

图 5-6　工况 1（实线）和工况 2（虚线）条件下孤岛微电网形成过程中系统频率和可控
微型电源的动态表现，考虑下垂控制特性和二次有功功率—频率控制（二）

支撑系统内发用电和用电间的功率平衡；同时，可控微型电源将基于 4.4.1.2 节介绍的 PI（比例积分）控制原则参与频率恢复，其输出功率变化（增长）过程与动态响应常数有关。当微型电源的动态响应时间常数较大时，将延缓系统频率恢复过程。随着可控微型电源输出功率的增加，系统频率逐渐升至指定值，储能设备的输出功率将相应减小。储能设备的主要功能就是在这个过渡过程中平衡就地负荷和发电设备之间的功率差，其向微电网系统注入能量随系统频率变化情况如图 5-6 所示。

　　从图 5-7 和图 5-8 可以看出 VSI 和 SOFC 端电压及 SOFC 和 SSMT 输出的无功功率随时间的变化情况（故障发生后微电网的表现细节将在后文中介绍）。孤岛运行微电网的电压由 VSI 根据无功/电压下垂特性控制。故过渡过程中系统内的无功功率补偿将由 VSI 负责，这种情况在微电网进入孤岛状态初始阶段尤其明显，过程示例如图 5-7 所示。为了实现微电网孤岛运行时的无功优化调度，其他微型电源运行参数保持不变，维持解列前工作，尽管然其可以通过本地操作或 MGCC 遥控参与系统无功调节。图 5-7 和图 5-8 显示，所推荐的电压控制策略确保了微电网的稳定运行，且在各微型电源之间没有发生无功交换情况。

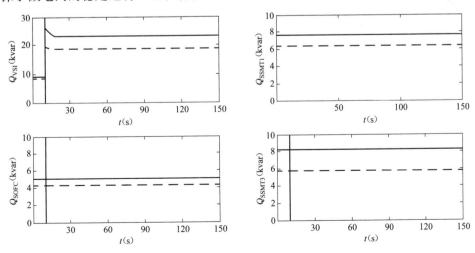

图 5-7　工况 1（实线）和工况 2（虚线）条件下的微型电源无功功率输出

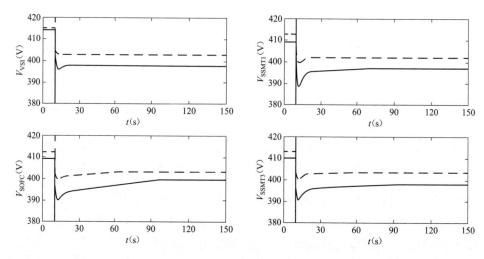

图 5-8　工况 1（实线）和工况 2（虚线）条件下的微型电源端电压

　　微电网进入孤岛状态的初期阶段，系统频率在很长时间内显著偏离指定值。为了及时修正系统频率的大幅度偏离情况，推荐采用负荷减载紧急控制策略。基本上，一定比例负荷的暂时离网，有利于改善系统的动态表现。测试案例中采用的自动负荷减载方案分为四个轮次，每个轮次均配置了可以整定的参数，以确定相应动作门槛的负荷减载量。如将系统频率偏移量作为控制参数，每个频率减载轮均对应一个系统频率偏移量。表 5-5 显示了测试案例中，负荷减载方案对应的定值。连接在母线 2 和母线 7 上的恒阻抗负荷作为可控负荷对象，参与了负荷减载控制。

表 5-5　　　　　　　　　　　　可控负荷减载方案定值

频率偏移量	负荷减载（%）	频率偏移量	负荷减载（%）
0.25	30	0.75	20
0.50	30	1.00	20

　　微电网进入孤岛状态后，综合应用一次调频控制、二次调频控制（负荷-频率控制）及负荷减载机制后的系统动态响应情况如下文示。由于微电网进入孤岛状态初期出现了较大幅值的频率偏移，部分负荷被安装在负荷控制器（LC）中的低频减载继电器自动切除。由图 5-9 可知，实施负荷减载措施后，孤岛微电网的频率偏移情况显著改善。测试案例中，母线 2 和母线 7 上的可控负荷在工况 1 和工况 2 情况下被减载的负荷量分别为 46+j17kVA 和 17+j7kVA。

　　在频率恢复过程中，参与负荷-频率控制的微型电源采用 PI（比例积分）控制策略。部分微型电源的响应时间常数过大，导致孤岛微电网频率恢复到指定值过程缓慢。一次调频控制由储能设备和其电力电子接口设备 VSI 负责实施。储能设备负责解决负荷和发电设备间的功率不平衡问题，其向微电网注入功率情况及在频率恢复中的作用，如图 5-9 所示。

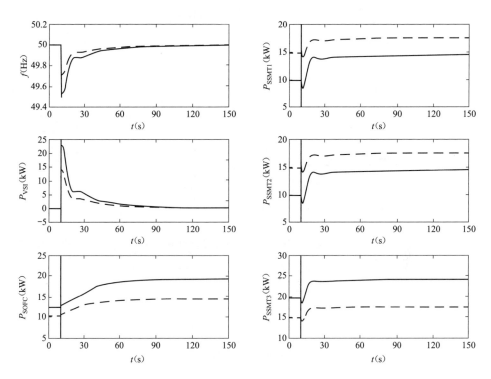

图 5-9　工况 1（实线）和工况 2（虚线）条件下孤岛微电网形成过程中系统频率和可控微型电源的动态表现

当采用负荷减载策略时，微电网进入孤岛状态前后系统内微型电源无功输出和节点电压情况如图 5-10 和图 5-11 所示。将其与图 5-7 和图 5-8 进行比较，观察负荷减载措施对系统有关方面的影响。

逆变器对故障电流的限制作用可以在图 5-12 中观察到，该图显示了工况 1 条件下 VSI 和 PQ 控制逆变器（SSMT1 接口逆变器）在微电网解网前后的工作状态。相同过程中，两个逆变器的有功、无功输出波形如图 5-13 所示。电机类负荷和感应发电机的存在延缓了故障清除后的电压恢复过程。清除故障后，电机类负荷和异步发电机仍吸收大量的电流，将可激活 VSI 的限流功能，如图 5-12 所示。故障清除后，异步发电机需经历一段时间的过渡过程才能恢复到正常工作状态，该段时间内，其对逆变器电压和电流的影响将持续存在，图 5-10 中 $t =$ 10.1s 后的波形图显示了有关情况。该现象将进一步延迟孤岛微电网电压恢复过程。在测试案例中，电机类负荷不参与负荷减载控制，在故障切除后均可恢复正常工作。为了避免孤岛状态下系统电源损失，异步发电机（微型风力发电机）在故障发生后依然保持联网状态，不采取解列措施。

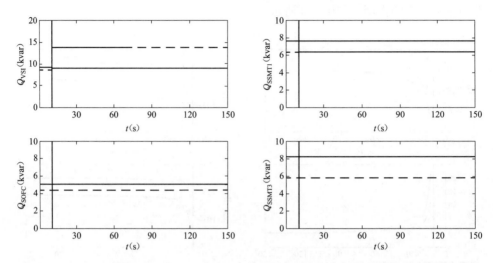

图 5-10　工况 1（实线）和工况 2（虚线）条件下孤岛微电网中微型电源无功功率输出情况

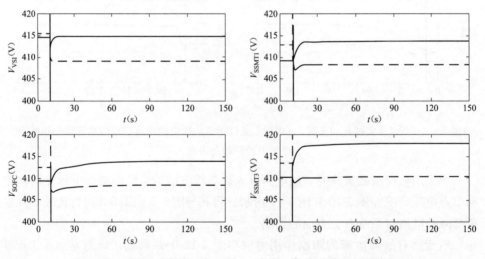

图 5-11　工况 1（实线）和工况 2（虚线）条件下微型电源端电压

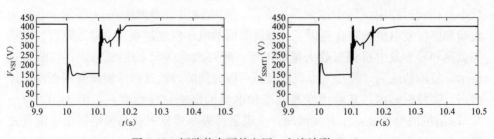

图 5-12　短路状态下的电压、电流波形（一）

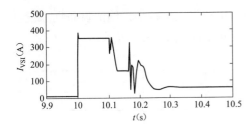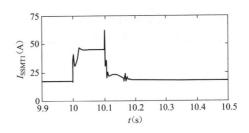

图 5-12　短路状态下的电压、电流波形（二）

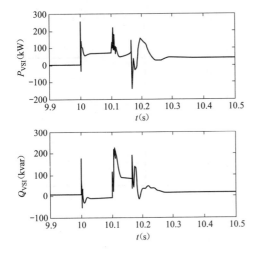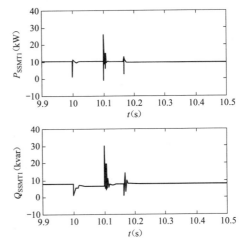

图 5-13　微型电源注入系统有功、无功波形

5.4.2.2　微电网向中压电网输送功率情况

工况 3 针对微电网向上游中压电网输送功率情况。为说明推荐微电网控制策略同样适用于这种工况，有关仿真结果将在下文展示。同样，先研究微电网进入孤岛状态后仅频率下垂特性控制起作用时的系统动态表现，仿真结果如图 5-14所示。图 5-14 显示，在微电网进入孤岛运行状态后，微电网内过剩发电功率将被 VSI 吸收，其他微型电源功率输出情况维持不变。在该测试案例中，确保微电网顺利过渡到孤岛运行的关键因素在于成功管理储能设备，使之在微电网计划外解列时可以充分吸收系统内过剩功率。

与工况 1 和工况 2 研究案例相似，在工况 3 条件下，通过微电网内微型电源（SOFC，SSMT1，SSMT2，SSMT3）的二次调频控制，可以实现微电网内发用电间的功率平衡，并使系统频率恢复至指定值。图 5-15 显示结果表明储能系统在微电网转入孤岛状态运行后负责发用电之间的功率平衡；同时可控微型电源参与了频率恢复过程，控制方法采用了 4.4.1.2 介绍的 PI（比例积分）控制法。在微电网频率恢复过程中，可控微型电源的输出功率逐渐减小，储能设备向系统注入功率逐渐增大，其输出功率随系统频率变化情况如图 5-15 所示。

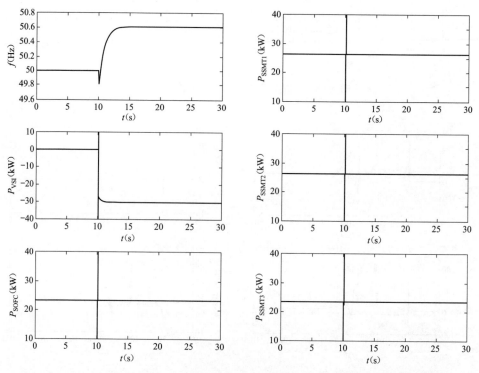

图 5-14 工况 3 条件下孤岛微电网形成过程中系统频率和可控微型电源的动态表现，仅考虑频率下垂控制

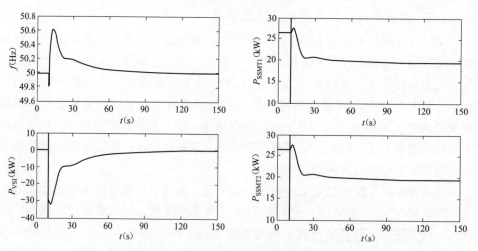

图 5-15 工况 3 条件下孤岛微电网形成过程中系统频率和可控微型电源的动态表现，综合考虑频率下垂控制及二次有功功率—频率控制（一）

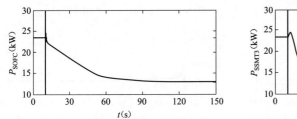
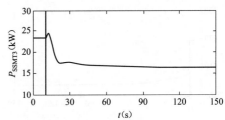

图 5-15　工况 3 条件下孤岛微电网形成过程中系统频率和可控微型电源的动态表现，
综合考虑频率下垂控制及二次有功功率—频率控制（二）

关于微电网电压控制（见图 5-16 和图 5-17），前节所述的一般原则，在此工况下依然适用。微电网电压控制由 VSI 根据无功-电压下降特性实施。在形成孤岛之前，微电网部分无功来自中压电网系统。为了确保孤岛状态下系统无功的平衡，VSI 增加了无功输出，其他微型电源无功输出维持原始状态不变。

5.4.2.3　孤岛运行后的负荷状态

微电网进入孤岛运行后，系统内的负荷和发电功率需保持良好平衡状态，以

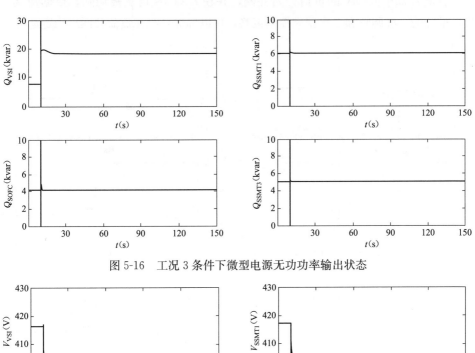

图 5-16　工况 3 条件下微型电源无功功率输出状态

图 5-17　工况 3 条件下微型电源端电压情况（一）

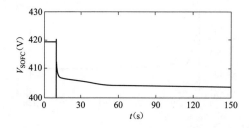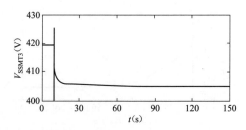

图 5-17　工况 3 条件下微型电源端电压情况（二）

确保系统的稳定运行。课题研究中，曾在工况 2 条件下评估了孤岛运行微电网中离网负荷分批逐步并网对系统的影响。研究过程中，首先假设系统配置了负荷减载方案，且微电网进入孤岛运行初始阶段，为了平衡系统功率被切除的可控负荷，在微电网管理系统调度下，可以重新并网。为避免负荷并网时出现频率大幅度偏移，应根据被切除负荷总量，采取逐步并网的平滑过渡方案。

　　研究案例中，在工况 2 条件下，被切除负荷分两步并入电网，对应时间分别为 $t=160s$ 和 $t=190s$，系统动态表现情况如图 5-18 和图 5-19 所示。随后，在 $t=250s$ 时，容量为 $25+j6kVA$ 的负荷开始并网，并在 $t=400s$ 再次被切除。根据仿真结果，推荐的一次调频和二次调频控制策略，可以确保系统在负荷并网后稳定运行。

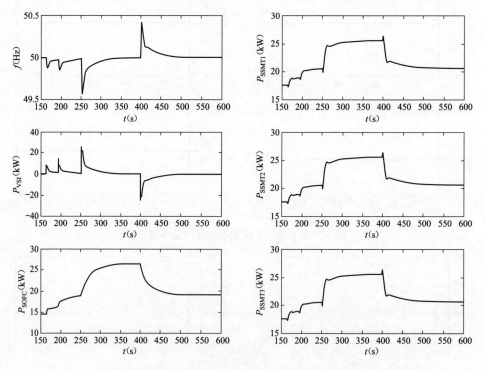

图 5-18　孤岛运行时微电网频率和可控微型电源有功功率状态（负荷投切）

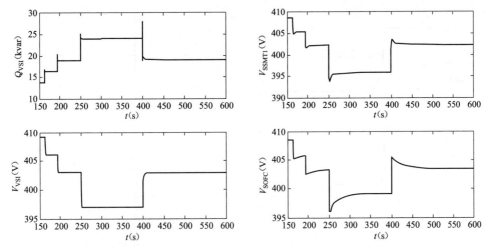

图 5-19 孤岛运行时 VSI 无功输出和微型电源端电压状态（负荷投切）

在图 5-18 所示测试结果中，微电网电压受 VSI 控制，控制方法为无功-电压下垂特性。其他微型电源无功功率输送保持不变，系统无功平衡最终亦由 VSI 负责调控。

5.4.3　多主控制策略

本节介绍微电网紧急控制策略功能在多主控制模式下的可行性。在仿真案例中，对图 5-1 略加修改，在 SSMT2 的直流连接设备上并接了一套储能设备。这样，其和低压电网的逆变器接口设备可视为另一个 VSI，能够参与系统频率和电压控制。该逆变器控制参数可方便整定，能够充分适应孤岛前各种运行工况下 SSMT2 的既定发电状态。下文动态仿真过程中，将基于前文介绍的 3 种运行工况，研究中压电网发生三相短路故障时，微电网在 100ms 后解列并过渡到孤岛状态后的动态表现。

5.4.3.1　微电网从中压电网吸收功率情况

在多主运行模式下，微电网紧急控制策略在工况 1 和工况 2 条件下的动态表现研究结果将在本节描述。仿真过程中依然假设，在第一阶段仿真过程中，微电网进入孤岛状态运行后，暂不启用负荷减载机制和二次调频控制功能。图 5-20 展示了这种情况下微电网解列前后系统频率和微型电源有功输出情况。由于微电网工作在多主控制模式下，微电网解列后有两个电网构建单元参与了系统重构。在孤岛状态下，有两个类似单元服务于微电网内部功率平衡控制。从仿真结果图中可以看出，在多主控制模式下，孤岛运行状态的微电网频率偏移情况，比单主控制模式下偏移量小。

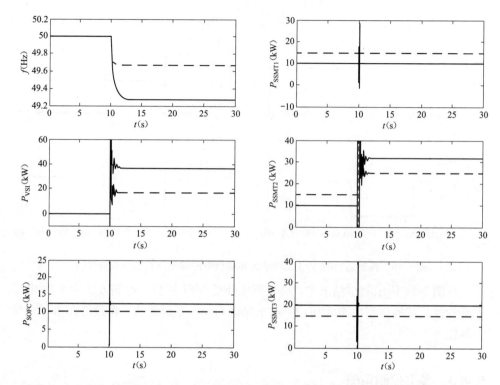

图 5-20　工况 1（实线）和工况 2（虚线）条件下孤岛微电网形成过程中系统频率和可控
微型电源的动态表现，仅考虑下垂控制特性

　　为了使系统频率恢复到指定值，必须应用二次调频控制。对于 SSMT1，SSMT3 和 SOFC 而言，二次调频控制策略和前文章节内容描述相似。SSMT2 通过 VSI 并接到电网，工作表现为电网构建单元。其在微电网频率恢复过程中的出力情况由最新下载的空载角频率 ω_0 定值确定，其中 ω_0 可由公式 $\omega_0 = \omega_{grid} + k_p P_{schedule}$ 计算得到，其中 ω_{grid} 是微电网指定角频率，$P_{schedule}$ 是微电网解列后重新分配给 SSMT2 的有功出力。从图 5-21 中可以看出，在 $t = 20s$ 时，SSMT2 VSI 的空载角频率重新修订后，其有功功率输出随即增大。在孤岛微电网频率恢复阶段，系统主要储能设备依然输出有功功率，为平衡系统发用电功率需求服务。如前文所述，在单主控制模式下，当孤岛微电网频率恢复到指定值时，储能设备的输出功率将逐渐减少至零。该情况在多主控制模式下的微电网内同样存在。

　　在多主控制模式中，多个电网构建单元可以为孤岛微电网提供更好的服务支撑。观察仿真结果图可知，在工况 1 和工况 2 条件下，微电网转入孤岛状态运行过程中，多主控制模式下的系统频率偏移量均小于单主控制模式。

　　图 5-22 和图 5-23 显示了各微型电源的无功功率输出及端电压的时变情况。在研究案例中，两个电网构建单元（主储能设备 VSI 和 SSMT2 VSI），负责微电

网孤岛运行时的电压控制，控制方法依然采用无功功率—电压下垂控制特性。孤岛运行时，两个 VSI 负责平衡微电网无功需求，而其他微型电源将工作在固定无功出力模式下。仿真结果表明，这种电压控制策略可以确保孤岛微电网的稳定运行，微电网各微型电源之间没有出现无功交换情况。

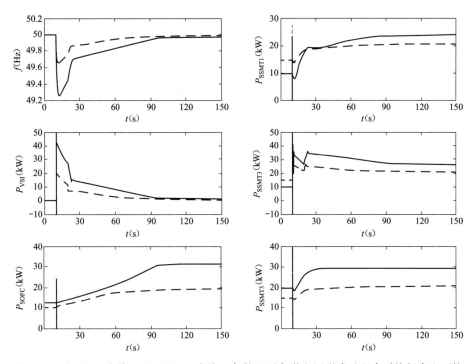

图 5-21 工况 1（实线）和工况 2（虚线）条件下孤岛微电网形成过程中系统频率和可控微型电源的动态表现，综合考虑下垂控制特性和二次有功功率—频率控制特性

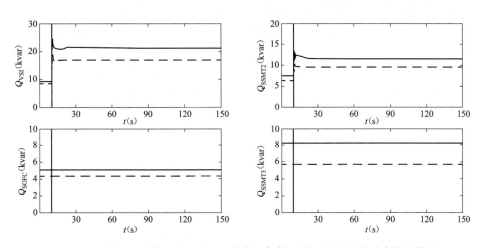

图 5-22 工况 1（实线）和工况 2（虚线）条件下微型电源无功功率输出情况

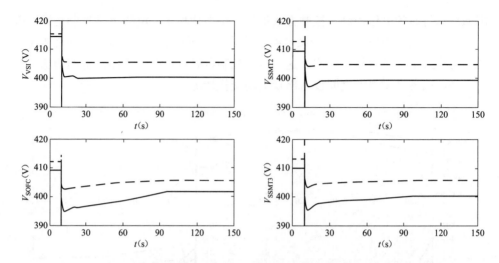

图 5-23　工况 1（实线）和工况 2（虚线）条件下微型电源端电压情况

图 5-24 显示了在负荷减载控制措施条件下的孤岛微电网动态行为仿真结果。当考虑负荷减载策略后（负荷减载定值参见表 5-5），虽然提高了孤岛微电网的频率支撑能力，但不论多主控制模式还是单主控制模式，在工况 1 和工况 2 条件下的低频减载负荷总量保持不变。实际上，负荷减载继电器动作时，微电网内已存在巨大发用电功率差额，系统频率偏移严重，这在微电网进入孤岛状态初始阶段尤其明显。以工况 1 为例，第一轮负荷减载动作时，切除负荷容量约为 24kW，其对应的负荷减载方案的频率偏差为 0.25Hz 时，负荷减载 30%。根据附录 A 提供的逆变器下垂特性定值，切除 24kW 负荷后系统频率预计上升 0.3Hz。当没有负荷减载措施时，工况 1 情况下的最大频率下降值为 0.75Hz。因此，当第一轮负荷减载动作后，系统频率仍将偏移 0.45Hz 左右，接近表 5-5 中第二轮负荷减载定值下限。此外，根据 SSMT 的响应特点，其在几秒后将减少有功输出，会进一步恶化频率偏移情况。故在第一轮负荷减载后，系统频率的实际偏移值大于 0.5Hz，需要启动第二轮负荷减载。从图 5-24 中可以看到，在 $t=20s$ 时 SSMT2 VSI 的空载角频率根据控制要求重新整定后，功率输出值迅速增加。

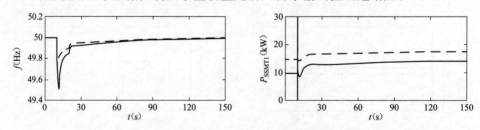

图 5-24　工况 1（实线）和工况 2（虚线）条件下孤岛微电网形成过程中系统频率和
可控微型电源的动态表现，考虑负荷减载措施（一）

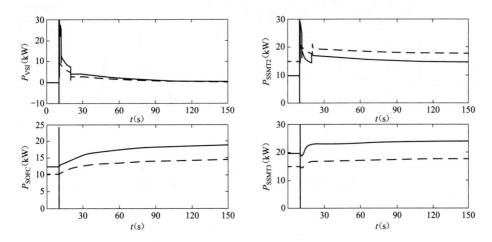

图 5-24　工况 1（实线）和工况 2（虚线）条件下孤岛微电网形成过程中系统频率和
可控微型电源的动态表现，考虑负荷减载措施（二）

在多主控制模式下，微电网在故障清除和孤岛状态转换过程中的一些动态行为细节的研究结果如图 5-25 和图 5-26 所示，此处仅列举工况 1 条件下的仿真结果。

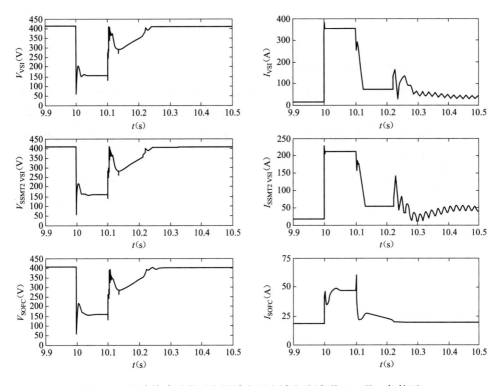

图 5-25　短路故障后微型电源端电压和端电流波形（工况 1 条件下）

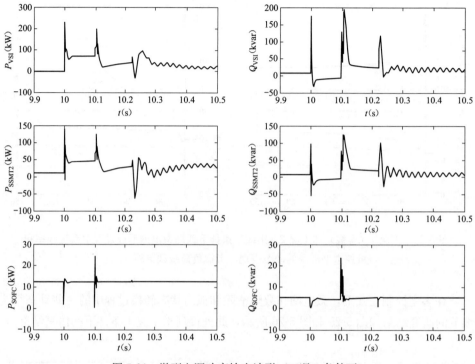

图 5-26　微型电源功率输出波形（工况 1 条件下）

5.4.3.2　微电网向中压电网输送功率情况

　　工况 3 针对解列前微电网向中压电网输送功率情况，其特征描述见上文。现介绍该情况下，微电网紧急控制策略在多主控制系统中的应用仿真结果。在仿真分析的第一阶段，仅考虑电网构建单元下垂特性在孤岛微电网有功-频率和无功-电压控制中的作用。

　　从图 5-27 可知，两个电网构建单元（微电网主储能设备 VSI 和 MMST2 VSI）在孤岛形成过程中负责吸收系统内的过剩功率。为了使系统频率逐步恢复到指定值，将采取二次调频控制措施。SSMT1、SSMT2 和 SOFC 将通过 PI

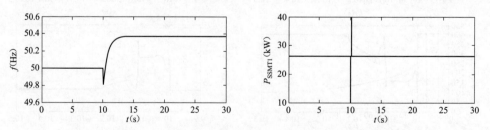

图 5-27　孤岛微电网形成过程中系统频率和可控微型电源的动态表现，
仅考虑下垂特性控制（一）

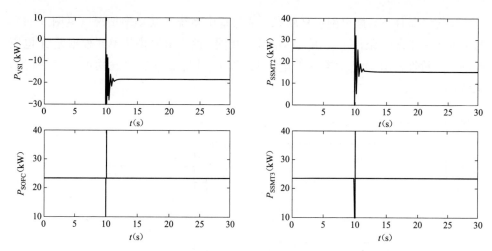

图 5-27 孤岛微电网形成过程中系统频率和可控微型电源的动态表现，
仅考虑下垂特性控制（二）

（比例积分）控制逐渐压缩输出功率。SSMT2 作为电网构建单元，通过 VSI 耦合到系统中，参与系统频率恢复，其功率输出状态受 VSI 空载角频率定值控制，该定值可根据出力计划安排重新设置。从图 5-28 可知，在 $t=20$s 重新整定 VSI 空载角频率运行定值后，SSMT2 的有功功率输出迅速减小。

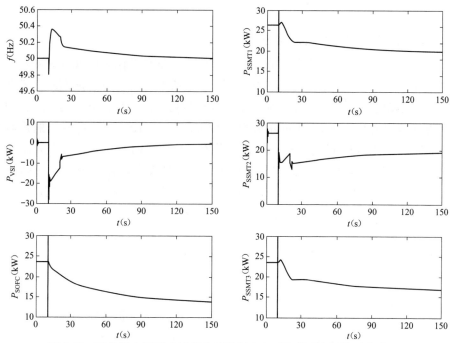

图 5-28 孤岛微电网形成过程中系统频率和可控微型电源的动态表现，
考虑下垂特性和二次有功功率—频率控制

工况 3 条件下，微电网孤岛状态形成过程中系统无功功率情况（见图 5-29），与工况 1 和工况 2 条件下的仿真结论基本相同。两个电网构建单元根据无功-电压控制下垂特性调节孤岛微电网的电压状态，同时负责系统内发用电功率平衡的调节。

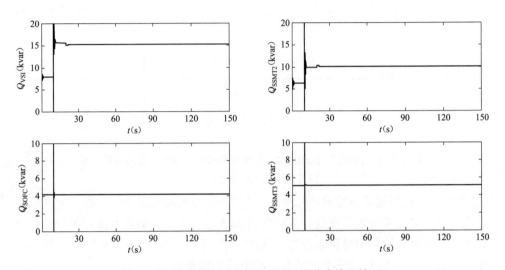

图 5-29　工况 3 条件下微型电源无功功率输出情况

5.4.3.3　孤岛运行时的负荷状态

与 5.4.2.3 节类似，本节将在工况 2 条件下评估负荷的切除和并网对孤岛微电网运行状态的影响。根据负荷减载机制，负荷控制器中的低频减载继电器将在系统功率失衡时切除部分可控负荷，下面分析被切负荷的重新并网过程。假设被切负荷分两次并网，并网时间分别为 $t=160s$ 和 $t=190s$，其对系统的影响如图 5-30 所示。SSMT2 的有功输出控制定值在 $t=210s$ 时被重置，控制定值是可根据有功-频率下垂特性调整的空载角频率。仿真过程中，容量为 $25+j6kVA$ 的负荷在 $t=250s$ 并网，在 $t=400s$ 时被切除。为了消除并网和切除该负荷影响，SSMT2 VSI 的空载角频率运行定值在 $t=280s$ 和 $t=430s$ 时分别被重置。如前文所述，由于采用了两个电网构建单元，孤岛微电网获得了更高水平的功率支撑。与单主控制模式相比，多主控制模式下的微电网孤岛状态下系统频率偏移量明显减小。

微电网电压受电网构建单元无功功率—电压下垂特性控制，其他微型电源无功功率输出保持恒定。孤岛形成过程中，系统无功平衡受两个 VSI 控制。在孤岛运行时，系统无功平衡同样由两个 VSI 调节，仿真结果如图 5-31 所示。

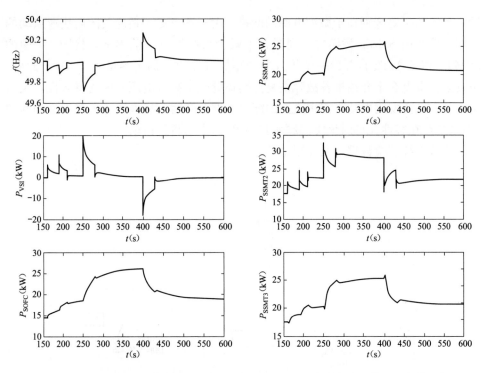

图 5-30　微电网孤岛运行时系统频率和可控微型电源有功功率输出情况（负荷投切）

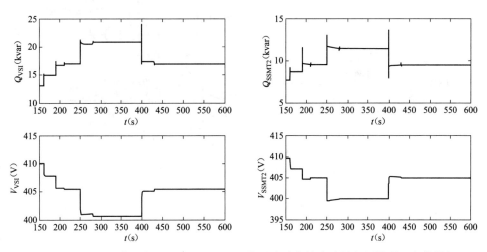

图 5-31　微电网孤岛运行时 VSI 和 SSMT2 的无功功率输出及端电压情况（负荷投切）

5.5　微电网黑启动

用于评估黑启动方案可行性的低压测试系统如图 5-32 所示。该系统和图 5-1

所示系统的主要区别在于微型电源的配置，由于 SOFC 不适应关闭后快速启动的操作，因此用 SSMT 替换之。同时在不减少系统发电量前提下，将图 5-1 中的 SSMT1 和 SSMT2 合并成一个等效的微型燃气轮机，额定容量为 60kW。此外，仿真案例重点在于介绍推荐故障恢复方案在处理工频过电压方面的有效性，及微型电源在平衡发用电功率需求方面的能力。谐波和暂态过电压等可能发生的问题（当系统存在容性元件时该类问题尤其突出），本书将不讨论。

测试系统试验数据记录在附录 A 中。

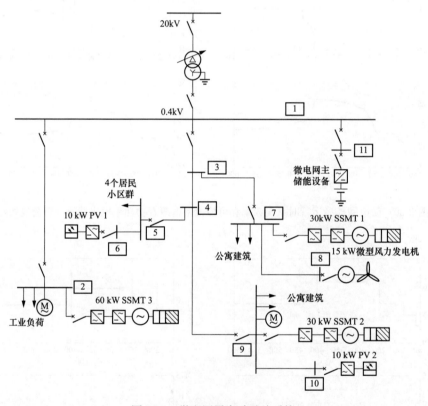

图 5-32　微电网黑启动试验系统

为评估所推荐的黑启动方案在低压微电网中的应用效果，假设大停电事故发生后，采取了如下措施：

（1）低压电网在配电变压器处被隔离；

（2）所有负荷和可再生能源发电单元均被隔离；

（3）微电网支持分区运行，各分区可以自动隔离，并可以孤立运行，在 SSMT 的支持下满足区内负荷用电需求。

假设系统崩溃后，所有 SSMT 发电单元可以成功重启，由主储能设备为低压电网充电，包含 SSMT 及附属负荷的小型孤岛成功运行后具备再同步能力。故障恢复过程初始阶段的快速暂态过程（包括电力电子控制和通信细节）采用 EMTP-RV® 工具分析，后续中长期过程采用基于 MatLab®/Simulink® 环境的仿真平台分析评估。

EMTP-RV® 工具用于分析故障恢复程序初始阶段措施的有效性。EMTP-RV® 平台的建设问题不在本书中介绍。该平台的开发是 MICROGRID 项目框架内容之一，其支持电力电子设备的详细建模，包括 VSI 和与 PWM 技术相关的电力电子设备开关功能[155]。

大停电事故后，在微电网服务黑启动方案有效性评估过程中，分析低压电网动态行为时仅考虑三相平衡运行情况，尽管该方式在低压配电网运行时并非常态。

此外，有一点非常重要，即微电网黑启动是微型电源黑启动能力的体现。如前文所述，利用其直流连接设备的储能设备（电池组），SSMT 停机后可以自动快速重启。由于具备能量缓冲装置，SSMT 并网逆变器可作为 VSI 工作，即可如 3.5.6.2 节所述，具备下垂特性控制功能，可以作为电网构建单元工作。这使多主控制模式在故障恢复初始阶段的应用成为可能。在微电网故障恢复流程建模过程中，可以忽略 SSMT 的原动机动态行为，原因是其并网直流连接设备含有能量缓冲设备，对系统影响不大。在黑启动仿真过程中，仅将 SSMT 简化为 VSI 即可。一些不可控微型电源，如风力发电机和光伏发电设备等，采用第 3 章所述模型。

5.5.1 故障恢复初始步骤

作为有关内容补充，MICROGRIDS 项目中故障恢复方案初始步骤仿真结果将在此简要描述。该项目的详细仿真评估结果可参见文献 [128，157]。假设所有已停机 SSMT 在直流连接设备的储能设备支持下均可成功重启，主储能设备能够有选择地为低压电网充电。故障恢复第一步是重新启动已停机的 SSMT 并为关联负荷充电，形成微型孤岛运行电网，同时选择储能设备为低压电网充电。接下来的步骤是完成 SSMT（假设为 SSMT1）和低压电网的同步操作。仿真过程中，假设 SSMT1 停机后重启成功。为仿真需要，假设 SSMT1 工作在指定功率输出状态，工作频率也接近指定值，具体如图 5-33 所示。

微电网控制中心（MGCC）负责向 SSMT1 的就地微型电源控制器（MC）发送同步指令。微型电源控制器收到同步命令后，向 SSMT1 的并网逆变器下达指令，对频率进行微调，以满足并网频率要求。此时 SSMT1 和低压电网的电压间允许存在相角差，但电压幅值的差异应在可接受范围内，否则需首先调整

SSMT1 的输出电压幅值。在图 5-33 所示案例中，在 $t=4s$ 时 SSMT1 逆变器和低压电网间存在频率差，经频率调整后，$t=4.8s$ 时满足同步条件。SSMT1 和低压电网同步后，$t=7s$ 时接入可控负荷。随着负荷的接入，系统频率下降，负荷消耗功率在两个微型电源之间进行分摊。

图 5-33 仿真结果表明，所推荐的微电网服务故障恢复程序在初始实施阶段是成功的。在仿真过程中，考虑了微电网元件的详细模型，尤其是 VSI 的动态模型。由于仿真算法对计算能力要求较高，计算耗时很长，无法对黑启动程序的全过程进行仿真。

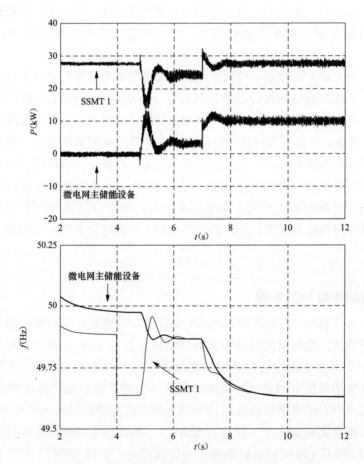

图 5-33　SSMT1 和微电网主要储能设备有功功率和频率状态[128]

为获取黑启动程序全过程长延时内的动态行为信息，采用 MatLab® /Simu-link® 平台进行仿真。在这一过程中，仅考虑逆变器的功能建模，其快速开关行为和谐波将被忽略（有关内容曾在第 3 章中介绍），但不会影响仿真结果精度。

5.5.2 微电网黑启动程序长期过程仿真

故障恢复程序初始步骤已在 EMTP-RV® 平台中测试，但后续步骤涉及的长期过程需在 MatLab®/Simulink® 环境平台中才能进行仿真。与前述假设相同，停电故障发生后，所有微型燃气轮机在停机后均可成功重启。仿真案例中，故障初始步骤包括各个 SSMT 关联负荷的接入过程，分别发生在 $t=5s$，$t=10s$，$t=15s$ 时刻，如图 5-34 所示，最终形成多个可以自治运行的微型孤岛电网。在这些微型孤岛电网中，频率偏移状态受各个 VSI 下垂特性控制。在该过程中，负荷接入时引起的频率偏移现象需引起足够重视。为将微电网系统频率维持在允许范围内（±0.2Hz），在频率恢复过程中采用就地二次调频控制措施。二次调频控制通过整定 VSI 的空载角频率实现，其中空载角频率和系统频率偏移量是函数关系。

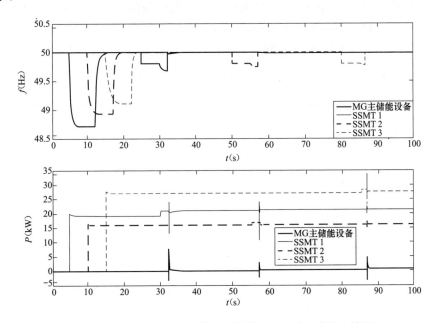

图 5-34 黑启动初始阶段微型电源频率和有功功率输出情况

在低压电网完成充电，SSMT 关联负荷完成并网后，接下来的故障恢复步骤如下：

（1）SSMT1 和低压电网并网（$t=32.3s$）；

（2）SSMT2 和低压电网并网（$t=57.0s$）；

（3）SSMT3 和低压电网并网（$t=86.5s$）；

（4）可控负荷接入（$t=100s$）；

（5）风力发电机接入（$t=119.7s$）；

（6）太阳能电池板 PV1 接入（$t=130$s）；

（7）太阳能电池板 PV2 接入（$t=140$s）；

（8）电动机负荷启动（$t=170$s 和 $t=175$s）；

（9）改变 SSMT 的控制模型（$t=190$s，$t=195$s 和 $t=200$s）；

（10）微电网和中压系统并网（$t=250.2$s）。

在低压电网重构阶段（若干微型电源并入低压电网过程），并网所需条件需认真校核，包括每个微型电源与低压电网间的电压幅值和相角差及频率偏移情况等。并网过程由微电网中央控制器（MGCC）全局控制，同步条件的校核及动作的完成将由安装在各微型电源附件的就地控制器实施。以 SSMT1 和低压电网同步为例说明有关过程，该过程在 $t=25$s 时启动。并网前对 SSMT1 逆变器输出频率进行微调，使 SSMT1 和低压电网间的电压相角差进入许可范围，减小同步过程对电网的冲击（见图 5-34）。SSMT1 的电压幅值也需矫正，完成和电网电压的匹配，过程如图 5-35 中 $t=30$s 时刻所示。当微电网的负荷采用恒阻抗模型时，电压矫正将引起有功功率的小幅变动，有关现象见图 5-34 和图 5-35 中 $t=30$s 时刻状态。SSMT2 和 SSMT3 并网时，操作过程与上述内容基本相似。

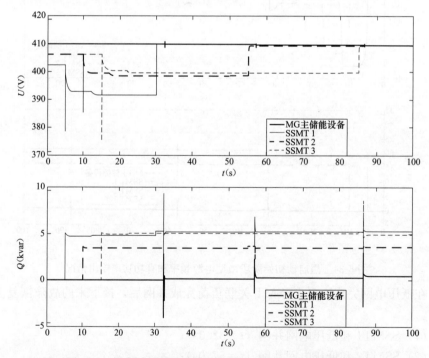

图 5-35　黑启动初始阶段微型电源电压和无功功率输出情况

在微电网长期动态行为研究中，所有具备黑启动能力的微型电源均采用了电压下垂控制特性。在与低压电网同步之前，为减小电压幅值差，需对各逆变器的空载电压进行微调。仿真结果表明，所采用的电压控制方案可以确保系统稳定，且在各微型电源之间不会发生无功振荡现象（见图 5-37）。与有功功率分配情况不同（有功功率在各发电单元间按功率下垂特性进行分配），低压电网阻抗不允许无功功率根据逆变器额定值按比例分配，负荷接入点处无功功率分配情况和负荷电压下垂特性密切相关。

通过观察图 5-36 和图 5-37 中 $t=170$s 和 $t=175$s 的情况可知小型电动机负荷启动对系统的影响。虽然电动机负荷从静止状态启动，但其对系统的冲击因多主控制模式的调控而弱化，可以不特殊关注，这点在分析节点电压跌落情况的图 5-37 中有所体现。

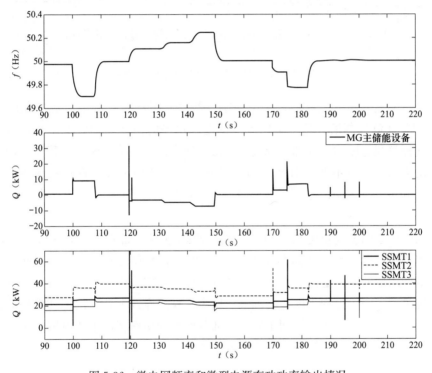

图 5-36 微电网频率和微型电源有功功率输出情况

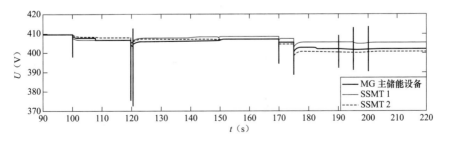

图 5-37 微型电源端电压和无功功率输出情况（一）

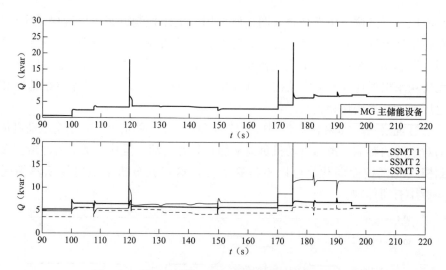

图 5-37　微型电源端电压和无功功率输出情况（二）

微电网故障恢复完成后，SSMT 逆变器的控制模式将从电压源控制转换为 PQ 控制。PQ 控制模式是微电网有外部电源供电时逆变器的常态工作模式，此时系统频率和电压均由外部电源决定。由于逆变器控制模式转换过程中，微型电源的出力状态保持不变，对系统的冲击几乎可以忽略不计，系统的动态响应如图 5-35 和图 5-36 所示。其中，SSMT 逆变器控制模式转换时间发生在 $t=190\text{s}$、$t=195\text{s}$ 和 $t=200\text{s}$。

当中压电网恢复供电后，MGCC 将要求微电网主储能设备的 VSI 进行电压和频率调整，以满足并网同期需求。图 5-38 显示了微电网和中压电网同步过程对配电变压器低压侧电流、有功、无功等的冲击影响。由于微电网负荷大部分是恒阻抗类型，同步过程中电压的调整（增大）直接导致了系统内无功消耗的改变（增加）。微电网和中压系统同步后，这部分增加的功率将由中压电网承担，微电网主储能设备在下垂特性控制下功率输出变为零。

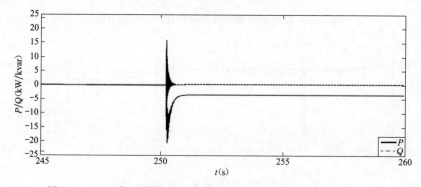

图 5-38　配电变压器低压侧同步电流、有功和无功功率情况（一）

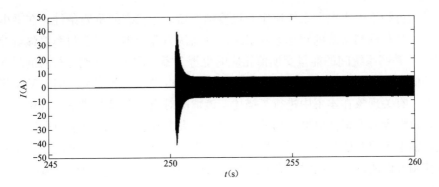

图 5-38　配电变压器低压侧同步电流、有功和无功功率情况（二）

5.6　小　　　结

本章数字仿真结果重点关注微电网孤岛运行控制策略有效性的验证，尤其针对中压电网故障引发的非计划孤网运行状态控制策略。推荐的控制策略在若干场景下进行了仿真测试，证明微电网在计划或非计划情况下，均可成功转入孤岛状态运行，不论微电网解列前是从中压系统吸收功率还是向中压系统输送功率。仿真测试和不同工况应用分析没有发现系统不稳定问题。测试结果表明，微电网成功转入孤岛运行必须具备若干基本条件：

（1）储能设备。储能设备通过静态逆变器耦合到电网，通过模拟传统电网中同步发电机特性为孤岛运行的微电网提供一级调频和电压控制。

（2）负荷减载机制。负荷减载机制的存在，可以避免系统频率大幅度波动及过载情况发生。由于储能设备无显著的热过载能力，负荷减载机制的存在非常重要，在仅有少量储能设备为系统供电情况下尤其如此。该策略可避免系统有效储能快速耗尽。

（3）有效的二次调频控制。在可控微型电源中配置简单可行的负荷-频率二次调频控制措施，与负荷减载机制及储能设备可用容量综合配合，可以确保微电网孤岛运行时系统频率波动不超过允许范围。

本章也展示了微电网概念在故障恢复应用中的有效性。这种情况适用于不存在同步发电机，仅有一些通过逆变器并网的微型电源及异步发电机作为系统电源的系统，适用于微电网黑启动和孤岛运行的控制方法和系列条件在数字仿真平台中得到仿真和验证。仿真结果证明了推荐方案的有效性，并显示了储能设备是故障恢复各阶段控制策略成功实施的重要保证。微电网黑启动程序的有效性证明微型电源资源可以进一步被开发，应用于区域负荷自愈策略，减少故障恢复时间。

利用下垂特性对 VSI 进行控制是确保微电网从刚性交流系统（上游中压电

网，其运行频率由大电网系统决定）过渡到孤岛运行状态的重要条件。在微电网解列前，其和联网系统的频率差异很小，可以认为等于零。基于频率偏移量控制的 VSI 和并网系统间的能量交换值相应的也等于零。因此，并网运行对通过 VSI 并网的储能设备中的能量没有显著影响。当并联电网发生频率突变时，VSI 将迅速反馈，有关现象在本书中进行了描述。该情况对应于 VSI 提供的一级调频控制能力，这在含有大量微电网结构的配网中值得大力开发利用。对于微电网众多的系统，输电系统调度员可以开发积极管理策略，充分利用 VSI 在并网系统中一次调频控制方面的作用。同时，有必要开发有效的评估机制，适当评价微电网的辅助功能。

6 孤岛微电网稳定性评估

6.1 简　　介

区域低压电网以微电网方式进入孤岛运行的步骤要求严苛，因为若系统内无足够的发电容量，这种转换过程将不可能实现。由上游中压电网故障引发的微电网孤岛运行条件，将在本章进行讨论。微电网突然转入孤岛状态并能保持稳定运行，有赖于微电网系统内发电和负荷间的合理组合，要求发用电间能够保持有效平衡，这意味着系统内微型电源必须具备快速响应能力，并对储能设备及负荷减载机制合理利用。在微电网形成孤岛过程中，若微型电源对控制信号反馈缓慢，或联网设备转动惯量比较小（小惯量系统），系统将出现频率偏移问题。鉴于这些可能影响系统正常运行的边界条件，微电网孤岛运行时必须考虑两个重要因素：

（1）系统内要有足够的发电资源，可以满足重要负荷需求（这一因素内在要求在孤岛形成过程中必须考虑负荷减载机制）。

（2）发电资源（电网构建单元和电网支持单元）的快速响应能力，是孤岛形成过程中维持微电网同步运行的基础。

关于第一个要素，若微电网的发电能力不足，无法满足孤岛形成过程中所有负荷需求时，则需采取负荷减载措施。根据微电网内部发用电组合情况，从具体需求出发，对不同的发用电状态采用不同的负荷减载方案。通过负荷减载方案，可以在孤岛形成过程中获得额外备用容量。管理和定义备用容量内容超出本书讨论范围，将不在这里赘述。关于第二个要素，微电网的动态行为特征及考虑各种微型电源技术特点的控制方法已在前文中表述清楚，并经过数字仿真验证。上述有关内容和方法，在维持孤岛微电网成功运行方面的有效性已得到仿真验证，但依然有必要借助系统的在线控制功能，进一步挖掘和利用微电网储能能力和负荷减载的管理方法。

6.2　微电网能量平衡问题

与包含柴电机组和可再生能源（如风力发电机）的一般孤立电网不同，频率偏移不是稳定运行微电网的关键问题，这点很容易用式（4-3）说清楚。在一个孤立系统中，某些工况下可能发生动态安全问题，使可再生能源发电的接入受到一些技术条件限制。原因是孤立系统由于惯性常数小，且缺乏相邻系统支持，备用容量不足，稳定性表现脆弱。如风电比重较大的孤立系统，易受风速突变影响，且系统故障时出现的低压现象会导致低压保护动作，导致风力发电机从系统中隔离。因此，近期最新安装的风力发电机增加了故障穿越能力，以防故障过程中低压保护动作机组被误切。孤立电网中风力发电机跳闸或输出功率变化时，功率波动部分必须被热电单元（柴油发动机）快速补偿，以免频率和电压的大幅度波动诱发系统崩溃。事实上，系统故障极易导致连锁事件，从而导致系统崩溃，因为频率偏移会导致低频负荷减载动作，低电压又可能导致低压保护动作，使风力发电机被切除，进一步恶化系统内功率不平衡状态，导致系统频率和电压偏移情况越发严重。为了应对该类严重局面，系统调度员通常采取保守策略，增大系统旋转备用容量，从而限制了风力发电机潜能的开发利用（尤其是为新建风电场建设增加了一些技术壁垒）。

孤立系统稳定性评估的重要内容之一，是研判故障（短路故障、风速骤变、风力发电机跳闸后短路故障、热电机组跳闸等）发生后系统频率偏移情况，必要时需兼顾考虑频率变化率情况。较小的频率偏移量是孤立系统运行状态稳定的重要安全指标之一。在电力系统安全评估体系发展过程中，自学习（Automatic Learning，AL）技术得到了大量应用，比较典型的有人工神经网络（Article Neutral Network，ANN）和决策树[158-160]。这两项技术均基于大数据挖掘技术，充分利用了大量包含各类可信场景下系统动态行为信息的数据集。这些数据集则由离线动态仿真程序进行案例仿真获取。在真实电网运行中，借助 SCADA 系统搜集的实时数据，安全评估工具可以在线持续监测系统动态安全水平。文献[158-160]讨论了有关情况，指出高级控制系统可以在预设故障集基础上对电网安全进行持续监测，负责向调度员推荐适时控制措施（尤其是热电厂的再调度功能），并在负荷和发电预测基础上，针对未来数小时内系统安全性不足的运行工况，确定合理的替代发电容量。

关于微电网，前文曾讨论了基于储能设备并网电压源逆变器下垂控制特性进行一次调频控制的方法。下垂控制特性将系统的功率不平衡量用频率变化量的形式进行描述，如式（4-3）所示。基于式（4-3），可以计算孤岛情况下系统内负荷或发电量波动 ΔP 后频率的变化情况。式（4-3）同样显示，系统频率可以通过下垂特性定值进行恰当控制，易于预测。相应地，除了系统频率偏移外，当地发电设备确保系统发用电平衡的能力也是微电网形成孤岛后需要评估的重要问题。事实上，微电网内储能设备可用容量的局限性，是微电网的最大短板，其直接决定着微电网是否可以成功转入孤岛运行。由于运行工况不同，如就地负荷水平、发电设备组合情况、参与有功功率—频率调节的微型电源可用性等，在微电网向孤岛状态过渡的初始时刻，可能需要大量的能量注入。同时，由于可控微型电源对控制信号反馈缓慢，这部分能量中的大部分将由储能设备提供，但其可用容量又有一定局限性。这一状况直接关系系统频率的稳定性，反映了孤岛形成过程中在损失最少负荷情况下微电网恢复发用电平衡的能力[161]。

为解释有关情况，下文将举例说明。在图 5-1 所示的微电网测试系统中（假设微电网工作在单主控制模式下），定义三种不同工作工况，见表 6-1。图 6-1 为微电网典型动态表现，及孤岛过渡过程中储能设备需向系统注入的功率值。在工况 1 和工况 3 中，微电网从中压系统中汲入功率，储能设备在孤岛形成过程中必须向系统注入功率；在工况 2 中，微电网向中压系统汲出功率，过渡过程中储能设备必须吸收额外功率。在工况 3 中，可发现微电网内发电容量不足以支撑系统所需的负荷-频率调节。在这种情况下，微电网频率没有恢复到指定值，储能设备必须持续向电网注入功率。由于储能设备可用容量的有限性，这种情况是不希望出现的。

表 6-1　　　　　　　　　　系 统 工 况 特 征

案例	1	2	3
SSMT1＋SSMT2 有功功率（kW）	6.5	41.1	24.4
SSMT3 有功功率（kW）	4.7	13.4	24.3
SOFC 有功功率（kW）	14.9	29.9	29.5
PV1＋PV2 有功功率（kW）	4.8	16.2	2.5
微型风力发电机有功功率（kW）	6.3	13.9	3.7
从中压系统汲取功率（kW）	55.7	—29.1	65.5

该例子清晰展示了孤岛形成过程中，微电网的稳定性和系统储能设备可用容量间的密切关系[161]。若在微电网向孤岛状态过渡过程中，能够迅速确定其内部功率平衡所需能量值（但这并不意味微电网的孤岛状态过渡过程可以顺利完成），就可以有效管理储能设备充放电状态，确保孤岛系统生存。储能设备充放电状态有效管理涉及的方法有：

（1）负荷减载。负荷减载动作由低频减载保护实施，通过负荷控制器参数化具体实现。负荷减载措施的参数化内容包括负荷减载步骤、负荷减载量和频率偏移值等。

（2）稳定性限制准则。负荷减载过程中，应兼顾系统安全性要求。在孤岛状态过渡过程中，应尽量减少切除负荷量。

（3）定义发电量剪裁措施。在孤岛形成前，若微电网向中压系统送出功率，过渡过程中储能设备又无法吸收微电网内多余功率，就应安排发电量剪裁方案，或考虑接入额外负荷。

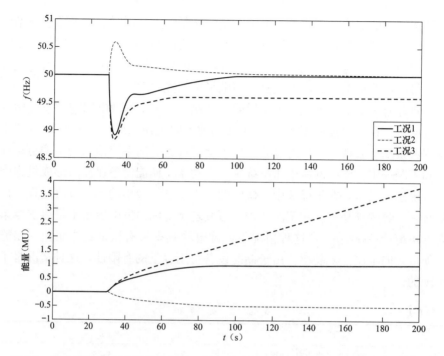

图 6-1　微电网孤岛形成过程中不同工况下系统频率和储能设备向系统注入功率情况

　　微电网储能设备和负荷减载方案的在线管理与系统实时工况密切相关，因此需要了解微电网在不同工况下的具体动态行为。该类问题传统和相对精确的处理方法是数字仿真，而微电网仿真系统涉及非线性函数，对计算平台和仿真时间要求苛刻，不适于在线应用。基于自学习的软件工具应运而生，其成为很好的替代方法，它能够有效地从大量数据中提取高级应用知识，帮助在线系统管理电网动态问题。但其实现过程有一前提要求，即有关数据集必须包含足够的微电网动态行为细节信息。这些信息可通过合适的离线仿真平台仿真获取。

　　为实现储能设备的在线管理功能，必须开发相应的软件工具，对运行微电网进行实时评估，掌握孤岛过渡过程中储能设备需向微电网注入的功率值。具备相应软件工具后，即可对前述控制方法步骤进行参数化，确保微电网向孤岛状态过渡过程中，储能设备的功率输出值被控制在既定的限制范围内。在这一过程中，微电网内部的通信设施和层次化的控制结构是有关应用实现的必要基础。微电网的管理和控制系统负责实施系统稳定性评估和采取相应的防御性措施，就地控制器是控制措施执行单元（通过控制器中预先设定的孤岛过渡过程控制策略进行控制，如在不同情况下需减载的负荷量，或减少的发电量）。通过有关工具和功能的应用，终端用户将从接入低压配电网的分布式发电单元功能开发中获得更多收益。

6.3　微电网稳定性评估工具

如前所述，在线管理储能设备、负荷减载和微电网发电功能，需要掌握微电网的动态行为信息。为了评估孤岛过渡过程中需向微电网注入的能量，需开发智能管理系统，利用有关公式和代表系统运行特征的扰动变量预设值，对系统工况进行评估。众所周知，ANN 是一种经典的自学习工具，易于开发利用，适于对系列输入—输出对进行回归分析。适用于微电网动态行为分析的软件工具开发包括以下步骤：

（1）离线数据集的生成。这些数据集包括了微电网针对各类预想故障的动态行为信息，重点包括孤岛状态过渡过程的仿真数据。

（2）人工神经网络的训练和表现评价。其目的是通过扰动前变量方程预测微电网孤岛过渡过程中不平衡功率 E。

（3）开发 ANN 工具，识别在线应用防御控制措施，确保微电网被隔离后能够可靠运行。

6.3.1　人工神经网络

人工神经网络可以看作是由大量并行处理器构成的一个运算系统，其发展过程受生物神经系统（如大脑）信息处理方式的启发[162]。人工神经网络涉及的知识领域宽广，可以涵盖多种类型应用。在与本书关系问题相似的具体案例中，一些参考文献将人工神经网络应用于解决回归分析问题，即输入—输出变量间的映射函数确定问题。人工神经网络的创建和应用信息，可参见文献［162］。

人工神经网络的基本处理单元，即神经元，如图 6-2 所示。从图 6-2 可知，每个处理单元 i 包含一组输入变量 x_1，x_2，$\cdots$，x_n，并对应着一些基本运算：

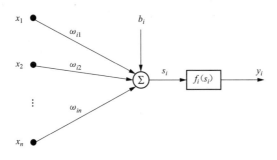

图 6-2　ANN 基本处理单元框图

（1）输入变量的加权和 $\sum\limits_{k=1}^{n} \omega_{ik} x_k$，其中 ω_{ik} 是处理单元 i 中第 k 个输入变量

x_k 的权值；

（2）输入变量的加权和加上了一个偏置常数 b_i：$s_i = \sum\limits_{k=1}^{n} w_{ik}x_k + b_i$；

（3）基本处理单元 i 的输出为激励函数 f_i 的计算结果，表示为 $f_i(s_i)$。

激励函数 f_i 可以是任意形式，但通常采用饱和曲线函数，如双曲正切函数、负指数函数、线性函数等，如图 6-3 所示。函数表达式如下：

$$f(x) = \tanh(x) = \frac{e^x - e^{-x}}{e^x + e^{-x}} \tag{6-1}$$

$$f(x) = \frac{1}{1 + e^{-x}} \tag{6-2}$$

$$f(x) = x \tag{6-3}$$

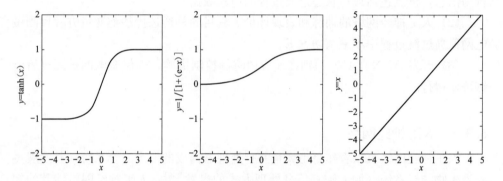

图 6-3　ANN 中通常采用的激励函数

人工神经网络基本处理单元的一种可能连接方式如图 6-4 所示，其通常被称为多层感知器。从图 6-4 可知，各神经元被安排成多个层次，而每个神经元的

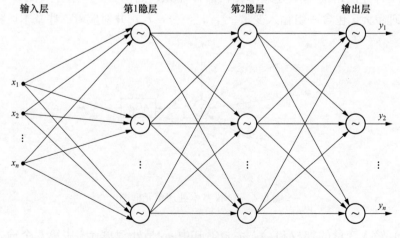

图 6-4　前馈型 ANN 示意图

输出又成为下一层神经元的输入。由于层与层之间的连接关系总是从输出指向输入，所有衍生输入信号均指向前方，这类人工神经网络通常也被称为前馈型人工神经网络。该类网络隐层数及每层所含神经元数量在训练阶段前需明确定义。关于人工神经网络的结构，即隐层数及每层所含神经元数量，可以采用启发式方法确定[163]，也可用试验和误差分析选择最优结构。本书将采用试验和误差分析确定人工神经网络结构。关于人工神经网络隐层数，若神经元数量选择适当，通常认为一层就可以描述任何连续函数的结果，并且精度能够满足需求[164]。实际上，采用两个以上隐层的人工神经网络在应用中并不多见。至于每个隐层包含的神经元数量，有一个常识性的结论：若神经元的数量太少，在描述预期函数功能时将出现精度不足情况；相反，若数量过多，则人工神经网络将失去泛化能力。

6.3.1.1　人工神经网络的训练

在应用过程中，人工神经网络的参数（权值和偏置）需不断修正，直到一系列输入对应的输出量满足预期目标为止。人工神经网络参数修正方法之一，是采用迭代法调整输入—输出关系，并根据学习规则修改参数。人工神经网络一般训练框架的简要描述见图 6-5。人工神经网络的训练过程包括优化处理问题：每次迭代，神经网络输出值 $\hat{y}$ 要与目标值 y 进行比较，得到相应的误差信号 $\varepsilon = y - \hat{y}$，用于调节神经网络的参数，减小目标值和输出值之间的误差。

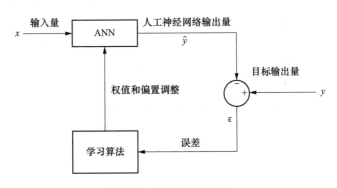

图 6-5　ANN 训练框图

人工神经网络训练首选方法之一是梯度下降算法，在该方法中参数相量 p 可在性能函数下降速度最快方向进行调整[162]：

$$p_{k+1} = p_k - \eta_p \frac{\partial E}{\partial p} \qquad (6-4)$$

其中，p_k 是人工神经网络当前参数向量，p_{k+1} 是更新后参数向量，$\frac{\partial E}{\partial p}$ 是性能函数的梯度，η_p 是学习效率向量。通常用最小均方差（Mean Square Error，MSE）

作为人工神经网络表现情况的数字指标，其公式描述为：

$$E = \frac{1}{N}\sum_{i=1}^{N}(y_i - \widehat{y_i})^2 \tag{6-5}$$

其中，N 是训练样本数量。

梯度下降算法有两种不同实现方法[165]，即增量模式和批量模式。在增量模式中，每个输入样本的网络测试过程，均需进行梯度计算和网络参数的更新；在批量模式中，仅在所有输入样本经过网络测试后，才更新网络参数。在两种模式中，完成一个输入样本集的网络测试，又称为一次迭代测试。

在计算性能函数 $\frac{\partial E}{\partial p}$ 的偏微分时，通常采用反向传播算法（BP 算法）。这一算法成功利用了人工神经网络的输入输出层间的计算规则，使误差函数的偏微分计算和人工神经网络的参数成比例关系。该算法的详细数学解释可参考文献[162]。

除梯度下降算法外，其他替代算法在人工神经网络训练过程中也会用到。如 MatLab® 环境中的人工神经网络工具箱内有多种训练算法可供选择，包括共轭梯度算法、拟合牛顿算法、Levenberg-marquardt 算法[165]。这些算法主要用于批量训练模式，并侧重于提高训练过程的收敛速度。在前馈型人工神经网络训练过程中，通常推荐采用 Levenberg-marquardt 算法。该算法收敛速度快，稳定性好，不需要用户初始化某些特殊设计参数，如传统应用中对算法表现影响巨大的学习效率等[165]。

6.3.2 数据集生成

形成孤岛过程中，微电网的动态行为与其内部的发用电组合情况密切相关。故生成数据集需涵盖各种运行工况下的发用电状态。在设置各类运行工况信息时，需考虑微电网运行规则，尤其要兼顾常规并网模式中热电联产（CHP）应用情况下的微电网运行状态。在选择微电网运行工况时，无需为运行环境设置额外条件，仅采用如下通用规则即可：

（1）当微电网中负荷量总量低于发电容量的 30% 时，SOFC 和 SSMT 的发电容量需低于总发电容量的 60%。相反地，若微电网中负荷总量高于发电容量的 60%，固体氧化物燃料电池和单轴微型燃气轮的发电容量应高于发电总容量的 20%。

（2）当微电网中负荷量总量低于发电容量的 30% 时，可认为光伏电池发电单元输出功率等于零。由于夜间时段在微电网负荷低谷期中占比较大，假设光伏电池发电单元至少在夜间某一时段发电量等于零，可以简化规则，且不与系统的正常运行规则产生冲突。客观的说，这种假设的应用需符合生产条件，否则有可能导出一些实际上并不存在的运行工况。

（3）当微电网中负荷总量大于发电容量时（在本书研究案例中，需考虑120kW 的可控微型电源发电量，及其他可再生能源发电量），有关工况将不予考虑。因为在这种情况下，微电网的孤岛运行必须考虑负荷减载，被切除负荷量不少于系统供用电总差额。

数据集基本生成条件的定义完成后，可用结构化的蒙特卡洛抽样法[160]生成微电网动态行为知识。事实证明，蒙特卡洛抽样法能够在规定运行范围内，成功生成具有代表性的离散数据集。表 6-2 中的蒙特卡洛参数，代表了采样算法应用环境，即微电网运行条件。这样，数据集解决方案的实施，就转化为蒙特卡洛参数的求解过程，如每个参数的间隔步长等。通过每个参数解决方案的定义，数据集工作范围（一个 6 维超空间）被分割成了多个超级单元。数据集生成过程，包括了基于预设工作范围和解决方案对蒙特卡洛参数的随机采样内容。该过程需分步实施，每一步对应一个超级单元，通过均匀分布采样方式，获得每个变量在超级空间内（6 维超空间）规定数量的采样值。

表 6-2 **蒙 特 卡 洛 参 数**

蒙特卡洛参数	范围（标幺值）	解决方案	蒙特卡洛参数	范围（标幺值）	解决方案
SSMT1＋SSMT2 有功功率	[0.1；1]	5	PV1＋PV2 有功功率	[0；1]	3
SSMT3 有功功率	[0.1；1]	5	微型风力发电机有功功率	[0.1；1]	3
SOFC 有功功率	[0.3；1]	5	微电网负荷总量	[0.2；1]	5

为了在数据集中包含微型电源因检修或计划外原因导致的不可用情况，采取下述措施。在数据集生成过程中应用前述采样程序时，可控微型电源（SSMT 和SOFC）不可用状态主要考虑：微电网母线 2 上一个 SSMT 不可用，SSMT3 不可用，SOFC 不可用工况。在风速过高或过低时，也需考虑风力发电机不可用情况。光伏电池的不可用情况，在分配工作时段时进行了隐性安排，如表 6-2 所示。两个及以上可控微型电源同时不可用情况在本书中不予讨论，这将显著削弱微电网二次调频控制能力。在这种情况下，若出现上游中压系统故障导致的微电网被动隔离情况，可认为微电网将不能成功转入孤岛运行。但系统中允许出现一个可控微型电源和一个可再生能源发电单元（光伏电池或微型风力发电机）同时不可用情况。

基于上述规则和条件，设定微电网各类运行工况。并在每种工况条件下，对微电网的动态行为进行仿真分析，评估其在孤岛形成过程中的具体表现。假设中压系统发生故障时，故障点远离微电网，使其可以成功转入孤岛运行状态，并能保持所有微型电源均处于联网状态。在仿真过程中，重点测量参数之一是微电网被隔离 3min 之后其内部功率注入情况。该时间段的选择，是大量仿真试验后得出的经验值，可以确保微电网动态模型在孤岛状态下达到稳定状态。

6.3.3　生成数据集数字平台建设

前文提到的 MatLab® /Simulink® 仿真平台在案例仿真过程中耗时过长，仅适于处理个体案例，难以胜任数据集生成工具角色。该平台仿真耗时长的原因在于，平台建模时电源和电网元件（电缆、变压器）均采用了时域处理方法，这在增加系统复杂性的同时，也延长了计算时间。为了满足项目需要，需开发新的仿真平台。在新平台开发过程中，依然遵守传统电力系统动态稳定研究一般准则，在电源动态模型（数字建模包含一系列微分方程）建模过程中采用时域处理方法，但电网模型则采用稳态频域处理方法。在本书案例研究中，电网元件采用恒阻抗模型，可以用代数方程计算获取网络电流。在网络方程中，有关公式用相量形式表达，但由于计算过程中各变量值，如源端电压和电流，均是时域过程采集到的离散瞬时值，在忽略一些"电源定子"暂态过程时，并不影响计算结果精度。此处的"定子"含义宽泛，可对应电力电子逆变器的耦合电感。概括地说，建模过程将用到下述处理方法[122,166]：

（1）每个微型电源产生一个电动势，可视为电抗电动势。在传统电力系统动态分析中，这类处理已成习惯用法。在本书中，此处的电抗包括逆变器的耦合电感。

（2）电力网络方程用 d-q 坐标系下的导纳矩阵表示，忽略网络中的一些快速暂态过程。

（3）在 d-q 方程组中，微型电源的电力电子接口电动势必须作为微型电源微分方程的输出量存在。

（4）对于旋转发电机直接并入低压电网的情况，采用传统处理方法，电动势需考虑暂态或次暂态过程，有关内容见文献［167］。

（5）电网模型中，d-q 方程组的输出量，包括来自微型电源的电流分量和各节点电压分量。

综合展示上述方法的示意性框图如图 6-6 所示。

6.3.4　人工神经网络结构训练

应用人工神经网络的目的，是为了在线评估微电网孤岛状态形成过程中需要注入系统的能量。生成数据集的每个点都包含一系列系统测量值（微电网物理参数）。在分析系统功率平衡有关问题时，作为人工神经网络的输入值，微电网各变量中必须包含有如下信息。

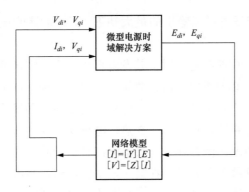

图 6-6　微电网动态仿真算法示意图

（1）微电网有功功率总值（P_{MG}）。

（2）可控微型电源输出的有功功率：

1）SOFC 输出的有功功率（P_{SOFC}）；

2）SSMT1 和 SSMT2 输出的有功功率（$P_{\text{SSMT12}} = P_{\text{SSMT1}} + P_{\text{SSMT2}}$）；

3）SSMT3 输出的有功功率（P_{SSMT3}）。

（3）不可控微型电源输出的有功功率（$P_U = P_{\text{WIND}} + P_{\text{PV}}$）。

（4）可控微型电源备用容量，即各微型电源额定容量和实际输出容量之间的差：

1）SOFC 备用容量（$R_{\text{SOFC}} = P_{\text{SOFC}}^{\text{nom}} - P_{\text{SOFC}}$）；

2）SSMT1 和 SSMT2 备用容量（$R_{\text{SSMT12}} = P_{\text{SSMT12}}^{\text{nom}} - P_{\text{SSMT12}}$）；

3）SSMT3 备用容量（$R_{\text{SSMT3}} = P_{\text{SSMT3}}^{\text{nom}} - P_{\text{SSMT3}}$）。

　　人工神经网络选择的输入变量，可以方便地从 MGCC 数据库中获取，这些数据将通过微电网就地控制器经通信设施上送信息定时更新。当微型电源不可用时，将其输出功率置零，当不可用微型电源是可控类型时，其备用容量亦同步置零。

6.3.5　防御控制措施的制定

　　在实现过程中，前文讨论的 ANN 功能，需嵌入 MGCC 的稳定性评估模块中。微电网集中控制器稳定性评估模块综合利用各类变量，周期性地对系统稳定性进行评估，如每 15min 评估一次。当发现系统注入功率不足以确保微电网孤岛状态形成过程的稳定运行时，必须考虑防御控制方案，确保中压电网故障后微电网可以顺利转入孤岛状态运行。当用人工神经网络评估微电网功率输出或吸收状态时，通过求解满足下述限制条件变量值，即可获得所需的防御控制策略：

$$E < E_{\text{max}} \tag{6-6a}$$

或

$$E > E_{\text{min}} \tag{6-6b}$$

其中，$E_{\max}$ 是储能设备可以输出的最大功率，$E_{\min}$ 是储能设备可以吸收的最大功率。

对微电网而言，在孤岛运行时，其发电容量不足以支撑其内部所有负荷需求的可能性时刻存在，必须考虑负荷减载策略，即在这种工况下，应综合考虑微电网发用电不平衡量制定负荷减载措施。此外，若在微电网经济调度问题中增加安全约束条件，将增加系统运行成本，在热、电负荷并存的电网中也很难实现，而在联网系统中这种情况广泛存在。在微电网孤岛运行时，为了保持负荷—频率控制能力，无法考虑这些限制条件。在第 4 章中曾提到，当微电网过渡到孤岛运行状态后，可控微型电源将从调度模式（主要响应热负荷需求）转变成电压和频率可控的孤岛运行模式。因此，在类似情况中，可以采用的防御性控制措施只有负荷减载。满足式（6-6a）条件所需最小负荷减载容量可以通过梯度计算方法获取，具体计算涉及偏微分 $\dfrac{\partial E}{\partial P_{\mathrm{MG}}}$ 的求解过程，可参考文献 [160]。

在一些运行工况下，存在微电网向中压系统输出功率的情况。此时，在可控微型电源响应控制信号、压缩功率输出过程中，需管理储能设备吸收多余部分功率。如果储能设备无法有效吸收该部分功率，则必须采取防御性控制措施。这类防御控制措施需包括减少部分微型电源的输出功率。根据前文讨论的微电网控制策略，在这种情况下，可控微型电源可以压缩出力。但根据可控微型电源的应用模型，其对控制命令的响应受惯性时间常数限制，有一定延时。为满足孤岛形成过程需求，必须寻找替代解决方案，达到快速压缩发电设备出力的目的（例如，减少可再生能源发电或并入消耗负荷）。对于可控微型电源，解列是其可能的选择之一。但 SSMT 和 SOFC 的解列行为对微电网安全性影响巨大，因其一旦停机，恢复过程相当漫长，不利于系统运行。为适应这种工况，可采取的防御性措施包括暂时压缩微型风力发电机或太阳能电池的发电出力，或并入一些意义不大的负荷。为了满足式（6-6b），确定不可控微型电源最小压缩出力容量，同样可以采用梯度计算技术，通过偏微分 $\dfrac{\partial E}{\partial P_{\mathrm{U}}}$ 求解获得。发电容量减少额在各不可控微型电源内部的分配，可以根据各微型电源出力大小按比例分担。

防御控制措施实施时，先将各控制变量特征值以定值方式下装到微电网就地控制器——负荷控制器（LC）和微型电源控制器（MC）中，当检测到微电网进入孤岛运行状态后，根据定值条件触发相应控制措施。微电网就地控制器通过监测系统频率变化情况，确定微电网是否进入孤岛运行状态。这就要求负荷控制器和微型电源控制器应对频率变化非常敏感，并需对有关变量合理参数化。负荷控制器的配置参数和低频减载有关（频率偏移量和相应的负荷减载量），微型电源控制器配置参数则包含高频状态下的发电量剪裁方案（频率偏移量和相应的发电功率压缩值）。微电网向孤岛状态过渡过程中，若能确定系统功率不平衡量，则通过有关公式可预测频率变化情况。微电网被隔离的瞬间，微电网内部的功率不平衡量 ΔP 等于微电网和中压系统间的功率交换值。利用式（4-1），可以计算孤岛过渡初始时刻系统频率偏移值 Δf 为：

$$\Delta f = \frac{k_p \Delta P}{2\pi} \tag{6-7}$$

6.4　结果和讨论

为了训练人工神经网络结构，生成数据集将按 2∶1 的比例分为训练部分和验证部分。用于训练部分的数据集，再分出 1/3 的数据在训练阶段使用，以验证神经网络结构的有效性。验证部分数据集用于评估神经网络的功能，并对不同神经网络结构性能进行对比。在人工神经网络训练阶段，要用到 MatLab® 神经网络工具箱。人工神经网络训练工作开始之前，需对数据集进行初始化，使所有数据均落在 [−1，1] 区间。人工神经网络参数通过反向传播算法（Levenberg-marquardt BP 算法）获取。为了获取人工神经网络的最佳表现结果，需对不同网络结构拓扑（隐层数及每层含的神经元数量不同）进行对比测试。

为了提升人工神经网络的泛化能力，可采用提前终止技术[165]。在该技术中，训练数据集参与计算梯度函数计算，并根据计算结果偏差更新人工神经网络的权值。在训练阶段，需跟踪监测基于验证数据集产生的神经网络误差。在训练初始阶段，有效误差一般会逐步减小，并和训练数据集的误差保持同步。但当神经网络出现数据过拟合（over-fit）情况时，基于验证数据集的输出误差通常会增大。当验证误差持续增大，并且达到一定迭代次数时（在本书中，验证误差持续增大的迭代次数设为 5），训练会停止，将验证误差最小时对应的权值和偏置重新载入网络，作为神经网络的最终参数。

在本书案例中，测试结果表现最好的人工神经网络拓扑中含 8 个输入量和 1 个隐层，其中隐层神经元数量为 80。图 6-7 为微电网被隔离 3min 后，储能设备向系统注入功率的测量值（基于验证数据集）和预期值之间的线性回归关系。人工神经网络表现结果的均方根误差（Root Mean Squared Error，RMSE）和相对均方差（Relative Mean Squared Error，RE）值分别为：

$$RMSE = \sqrt{\frac{1}{N}\sum_{i=1}^{N}(y_i - \widehat{y}_i)^2} = 0.0086\text{MJ} \tag{6-8}$$

$$RE = \frac{\frac{1}{N}\sum_{i=1}^{N}(y_i - \widehat{y}_i)^2}{\frac{1}{N}\sum_{i=1}^{N}(y_i - \bar{y}_i)^2} = 2.3144 \times 10^{-4} \tag{6-9}$$

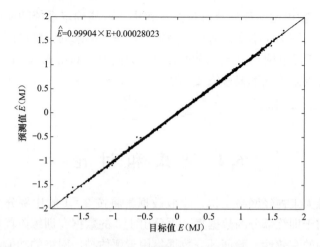

图 6-7　测量值和预期值之间线性回归关系

相对均方差可理解为神经网络输出值的均方差和标准差的商。换句话说，相对均方差是人工神经网络和平均值回归模型两种处理方法结果的比较。因此，相对均方差越小，表示与基于平均值的简单回归模型相比，人工神经网络预测模型取得的效果越好。

人工神经网络创建完成后，就可以预测微电网形成孤岛过程中需要注入系统的功率值，并可明确储能设备需要输出的功率值。假设微电网可以在孤岛状态稳定运行的条件为系统功率缺额 $E < 0.5MJ$，人们利用人工神经网络工具计算需要减载的负荷量，以适应孤岛状态下系统对注入功率的需求。而确定孤岛状态下需减载的负荷量，是我们研究目的，也就是利用推荐技术制定防御控制措施的内容。为了达到说明目的，将有关过程用图表方式进行描述。图 6-8 对应于两种不

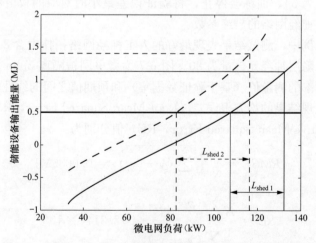

图 6-8　工况 1（实线）和工况 2（虚线）条件下需减载负荷量

同运行工况，工况参数见表6-3。制图过程中，在不同工况下，除微电网负荷水平变化外，其他运行条件均保持不变。图中水平线（对应于 $E=0.5\text{MJ}$ 情况）和不同工况下能量函数的交汇点，代表微电网最大负荷容量，其值应小于微电网被隔离 3min 后能够注入微电网的最大功率值。微电网实际负荷总量和理论负荷总量之间的差，即代表了微电网被隔离后需减载的负荷量（见表6-3）。

表 6-3　　　　　　　　　　　不同工况下的负荷减载定值

案例	1	2	3
SSMT1＋SSMT2 有功功率（kW）	20.7	11.0	10.4
SSMT3 有功功率（kW）	13.6	15.2	—
SOFC 有功功率（kW）	23.5	23.2	13.9
PV1＋PV2 有功功率（kW）	13.2	—	1.5
微型风力发电机有功功率（kW）	6.9	5.0	11.9
微电网负荷总量（kW）	132.3	116.0	87.0
储能设备可输出能量（MJ）	1.14	1.40	1.15
孤岛过程中负荷减载量（kW）	24.9	33.3	25.7

本书设计的控制方法为紧急控制策略，可确保微电网发生非计划解列后短时间内的稳定运行。微电网处于孤岛运行状态时，存在实际负荷需求超出系统可供发电容量的可能性。如前文所述，针对这种情况，可以想象的第一轮控制措施就是确定最小可减载负荷容量，其值对应于微电网实际负荷容量和发电总容量之间的差额。考虑了可减载负荷容量措施后，将减载后系统运行条件（发电容量和负荷总量）作为人工神经网络的输入量，评估微电网能否成功过渡到孤岛运行状态（注意这些步骤均是在线实施，且发生在孤岛形成过程中）。当然，此时的系统可能依然存在能量不平衡问题，为维持系统稳定，可借助可靠性评估工具的帮助，执行下一轮负荷减载控制措施。

作为示例，图6-9和图6-10为工况1和工况2条件下实施负荷减载措施前后系统的动态表现（微电网解列发生在 $t=20\text{s}$ 时刻）。仿真结果显示，负荷减载措施成功地限制了微电网储能设备向系统注入的功率总量。

对于微电网向中压系统输出功率情况，假设微电网储能设备可以吸收的功率总量为 0.8MJ。针对不同工况，应用推荐防御控制措施后系统表现结果见表6-4。首先计算可再生能源发电量减少值，余下需要减少的发电容量，可根据各发电单元实际出力大小按比例分配，或采用其他功率分摊准则。作为展示案例，图6-11为工况1（见表6-4）条件下采取减少发电容量措施前后微电网动态表现（微电网解列发生在 $t=20\text{s}$ 时刻）。

微电网紧急工况下的运行与控制

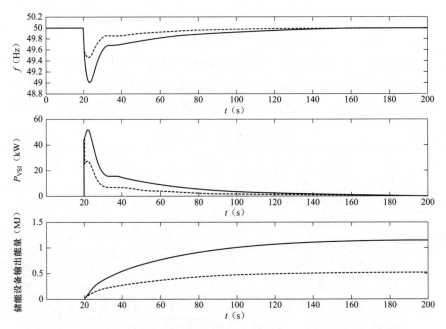

图 6-9　工况 1 条件下采取负荷减载措施前（实线）和智能负荷减载措施后
（虚线）微电网动态表现

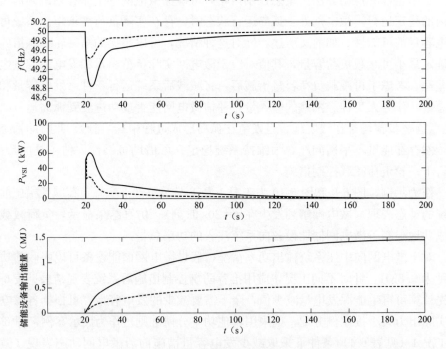

图 6-10　工况 2 条件下采取负荷减载措施前（实线）和智能负荷减载措施后
（虚线）微电网动态表现

表 6-4   不同工况下压缩发电量情况

案例	1	2	3
SSMT1＋SSMT2 有功功率（kW）	46.6	39.6	27.3
SSMT3 有功功率（kW）	24.6	17.9	19.1
SOFC 有功功率（kW）	16.9	18.4	13.4
PV1＋PV2 有功功率（kW）	13.2	19.3	18.4
微型风力发电机有功功率（kW）	13.2	10.8	3.0
微电网负荷总量（kW）	63.6	53.0	50.4
储能设备可输出能量（MJ）	−1.09	−1.14	−0.99
解列过程中减少发电容量（kW）	11.4	13.4	5.2

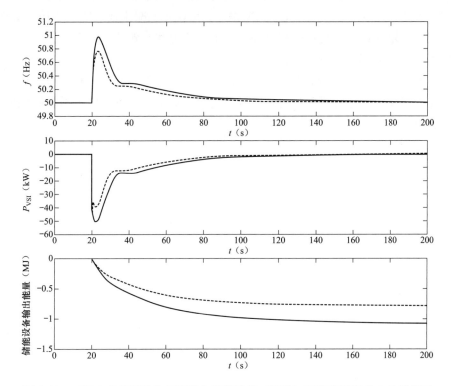

图 6-11   工况 1 条件下采取压缩发电量措施前（实线）和智能压缩发电量措施后
（虚线）微电网动态表现

    在运行过程中，若微电网稳定性评估工具发现新的运行工况，即微电网解列，将导致微电网运行崩溃，则需制定防御控制措施，确定孤岛状态下需切除的负荷总量，并形成适当的负荷减载定值，下装到各个负荷控制器中。根据系统运行工况，防御性控制策略还包括确定光伏发电单元和微型燃气轮机单元的压缩出力情况，并形成可控定值，下装到微型电源控制器中。每个负荷控制器和微型电源控制器对频率变化都很敏感，可以检测到微电网解列情况，并能够触发设定在其中的防御性控制措施。频率偏移量及其对应的防御控制措施，可以根据下垂特性公式及解列时微电网内部的不平衡功率制定，如式（6-7）所示。

6.5　小　　结

本章讨论了微电网在线稳定性评估工具的开发内容，及基于偏移量的防御性控制措施，以确保微电网可以在孤岛状态下成功运行。该类工具对微电网的在线运行和管理至关重要，当中压电网发生故障并在联络点处解列微电网后，能够帮助微电网实现从联网状态到孤岛状态的无缝切换。通过低压微电网测试，证明本书推荐方法效果显著。事实上，ANN 输出结果误差的减小及一些动态仿真案例，均证明了稳定性评估工具在处理该类问题上的能力和有效性。同时证明，该工具可以适应系统大部分运行工况。

预测微电网解列后储能设备需向系统注入功率大小的软件工具，可以被进一步开发和优化，在考虑可信运行环境及停电负荷成本条件下，确定微电网储能设备总容量。

7 结 论

7.1 本书主要贡献

随着中压电网中分布式发电单元接入量的不断增加，各种类型的微型发电技术迅速得到传播，如微型燃气轮机、燃料电池、光伏发电、微型风力发电机等，为持续发展的用电需求解决方案提供了新选择。在当前的应用实践中，分布式发电单元接入配电网普遍采用"安装即忘记"的管理策略。但当接入配电网的分布式发电容量过大时，其带来的潜在问题将影响其计划收益，甚至得不偿失。因此，有必要开发新的分布式发电接入形式，以使整个电力系统从中受益，还有利于进一步挖掘分布式发电的潜在价值。本书介绍了微电网概念，其汇集了一些负荷和发电单元，具备必要的管理和控制功能，可以给用户提供热能和电力服务，能够很好解决微型电源（分布式发电单元）的接入问题。基于微电网概念，可以在低压电网中开发大量具有活力的微单元（小型区域），让其具备一定的自治能力。这些具有自治能力的微单元（微电网），既可以独立运行，也可以与中压电网并网运行，具有高度的灵活性，能够给调度员和终端用户带来更多利益。

传统方法在研究分布式发电单元接入对电网的冲击和影响时，仅考虑了少量的发电单元，这在标准 IEEE P1549[79] 中有所体现。根据该标准规定，当电网发生故障后，分布式发电单元应快速从电网中隔离出去。相反地，微电网考虑的是负荷和发电单元的有机结合，具备一定自治能力，即可并网运行，也可以脱离主电网孤网运行。由于目前的运行实践中，系统调度员不允许部分配电网离网后独立运行，微电网的这种运行模式将带来剧烈的运行观念变革。

满足孤岛运行条件的微电网在设计和运行中必须解决一系列问题，尤其是在线管理功能和系统控制相关问题。燃料电池、光伏发电、微型燃气轮机和储能设备等采用电力电子接口设备并网，是微电网的一个基本特征，需要特殊的控制方法。在微电网孤岛运行期间，由于微型燃气轮机和和燃料电池对控制信号反馈缓慢，惯量小，存在负荷跟踪困难问题。因此，当含有多个微型电源的微电网的系统设计要求具备孤岛运行能力时，需配置必要的能量缓冲设备，以平衡微电网解列初始时刻系统内部功率需求。在研究这些微电网运行和控制的普遍性问题时，本书的主要贡献在于开发了紧急控制措施，包括：

（1）一次调频机制。这和电网构建单元密切相关，即需依靠主要储能设备与低压电网的并网设备——电压源逆变器实现。一次调频策略模拟了传统电力系一次调频方法，其可以确保微电网在任何孤岛运行条件下与系统保持同步。该控制方案在本书中被成功开发并通过了试验验证。

（2）二次调频机制。该功能主要由电网支持单元（可控微型电源，如燃料电池和微型燃气轮机等）实施。二次调频机制和传统电力系统中的有关控制功能相似，主要是使孤岛运行的微电网频率恢复到指定运行值。该方案也被成功开发并通过了试验验证。

（3）负荷和发电量剪裁机制。微电网解列后，除频率偏移外，另一个需要认真考虑的关键问题是微型电源和储能设备的容量是否可以动态维持系统同步运行，尤其是储能设备的可用容量。所以，有必要快速评估解列后微电网的动态表现，实现负荷和发电量的合理剪裁及储能设备的有效管理。对于各类扰动故障，传统和高精度的分析过程均涉及非线性系统的数字仿真，计算过程要求苛刻且耗时严重，不适于在线应用。相应地，一些基于人工智能的方法和工具，如 ANN，则有效克服了这类弊端，成为可以替代的选项。这些方法的效果明显，且反应迅速，能够从大量数据集中提取高级知识，根据系统动态信息，帮助系统在线管理。本书介绍了一个人工神经网络案例，其已被成功开发应用并通过了测试。

电压控制不是本书讨论的重点，仅呈现了一些关键论断。在低压配电网中，有功潮流和电压幅值相互关联，无功潮流和电源间的相角差也有内在联系。因此，系统无功注入量不能简单用于电压控制。本书推荐的电压控制方法中，为确保孤岛状态下微电网稳定运行，需调节连接点处电压源逆变器的电压幅值，同时调节 PQ 逆变器支持系统无功需求。通过电压源逆变器调节电压时，无功—电压下垂特性控制方法有时会导致不同电压源逆变器间出现无功交换现象，具体情况依赖于有功功率在各电压源逆变器间的分配以及电压源逆变器的空载电压。基于这些事实，可以得出如下结论：对于含有多个电压源逆变器的微电网（多主运行模式），对电压控制功能进行监视非常重要。

如果发生在中压电网内的故障导致了系统大停电，微电网没能自动隔离并进入孤岛运行状态，且中压系统在规定时间段内无法成功恢复运行，可以证明，微型电源能够支持低压电网进行黑启动。此外，微电网集中控制器（MGCC）可以支持黑启动过程中的并网过程，并通过此种方式协助配电网管理系统（DMS）管理中压配电网。基于本书推荐微电网控制策略及就地安装的微电网通信设施，若微电网服务故障恢复的原则和条件能够明确，则可实现故障恢复过程的自动化。微电网黑启动功能可集成在微电网集中控制器的软件模块中，接受集中管理。基于这种设计理念，黑启动阶段需检测的一系列规则和条件，将由黑启动软件模块负责控制，而这些规则和条件则定义了故障恢复过程中需实施的活动顺序。黑启动程序需考虑的主要步骤包括构建低压电网骨架，连接微型电源，控制电压和频率，连接可控负荷，在条件允许时将微电网和上游中压电网并网和同步。有关内容在本书中已进行了定义和认真评估。

识别和开发本书讨论的区域黑启动策略，需要对电力系统故障恢复方案整体进行深入梳理和重组。整个电力系统恢复过程可以采用一种双向同步方法：一方面采用传统的自上而下策略，从大型发电厂重启及高压输电网充电开始进行恢复；与此同时，采用自下而上策略，从低压配电网侧开始恢复，并充分挖掘分布式发电和微型发电能力；然后再将已恢复供电区域并网和同步。该方法可以缩短故障恢复时间，并减少大停电期间无效电能的浪费。

本书工作的贡献主要体现在评估不使用传统同步发电机的微电网孤岛运行控制策略的可行性方面。还开发了一系列新型微电网在线运行和管理策略及控制流程，以使微电网解列后能够无缝过渡到孤岛运行状态。微电网黑启动和解列后运行控制策略，以及和这些策略有关的规则和运行条件的识别，均源自对微电网特殊控制问题的深入理解，其有效性通过了数字仿真评估。

7.2 未 来 工 作 建 议

前文已经提到，本书的工作旨在探讨微电网的运行和控制相关问题。由于该课题过于庞大，需要在有关领域内开展新的理论研究和开发实践。未来的研究方向应该包括：

（1）三相不平衡条件下的微电网分析。低压配电网是三相四线制不平衡系统。此外，光伏发电和微型燃气轮机等额定功率小于几千瓦的微型电源，多采用单相接线联网，其会恶化系统的不平衡性。因此，有必要评估推荐策略在不平衡微电网系统的孤岛运行和黑启动中的有效性，并评估是否需要开发额外的电压控制措施以应对孤岛运行状态。

（2）在开发了微电网服务故障恢复策略后，接下来的任务就是评估微电网和分布式发电可以在多大程度上改进中压电网的传统故障恢复策略，以及将该策略引入传统大电网故障恢复方案中尚需做哪些适应性修订。

（3）在中压配电网层面，微电网和分布式能源（DER）间的配合关系需进一步调研，并配合配网调度系统（DMS）的修订要求，实现智能电网环境下的虚拟发电厂功能。其主要目的是使分布式能源承担系统调度员式的服务功能，深化与集中式发电资源间的合作关系。

（4）为验证部分微型发电技术及其电力电子接口设备模型的有效性，需开展更多的试验测试工作。此外，有必要在实践应用中对微电网控制器及其功能任务进行彻底分析，在更深层次证明微电网孤岛运行的可行性。

（5）开展现场测试验证，评估微电网控制策略功能的有效性及不同发电单元和负荷组合情况，监视电气参数（负荷、发电、功率因数指标），监视热电联产（CHP）应用情况，测试通信系统的有效性，评估微电网系统的真实投资成本情况。

（6）电动汽车具有"即插即用"特点，是典型的分布式应用，为适应其发展需求，应进一步探索微电网的控制和管理体系。电动汽车作为分散的储能设备，联网后可以支持孤岛系统的运行，作为系统备用容量参与微电网集中控制远程通信调度，并可为系统的功率拥堵或"削峰填谷"管理提供服务。

附录A 测试系统仿真参数

本附录将说明本文微电网测试案例所用系统的电气参数（见图 A-1）。此外，第 3 章中介绍的不同类型微型发电单元的动态模型参数，及其相应的电力电子接口设备参数也将在本附录说明。

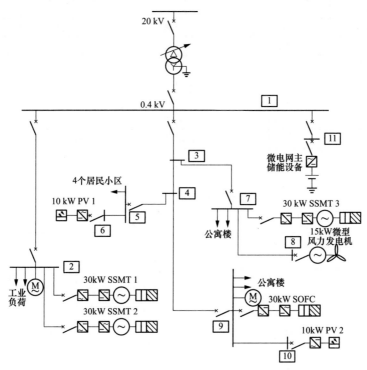

图 A-1 微电网测试系统

表 A-1 低压微电网测试系统电气参数

线路	母线 i	母线 j	$R(\Omega)$	$X(\Omega)$	线路	母线 i	母线 j	$R(\Omega)$	$X(\Omega)$
1	1	2	0.0528	0.0142	6	4	5	0.0261	0.0025
2	1	3	0.0341	0.0103	7	4	9	0.0687	0.0149
3	1	11	0.0123	0.0021	8	5	6	0.0414	0.0026
4	3	4	0.0199	0.0058	9	7	8	0.0870	0.0084
5	3	7	0.0660	0.0128	10	9	10	0.0414	0.0026

表 A-2 微电网测试系统最大联网负荷

母线变化	负荷（kVA）	母线变化	负荷（kVA）
2	67.2+j19.6	7	48.8+j11.1
5	19.6+j4.0	9	29.3+j6.7

表 A-3 电机类负荷参数

参数	电机1（母线2）	电机2（母线2）	电机3（母线9）	单位
额定功率	10	7.5	7.5	kW
额定电压	400	400	400	V
额定频率	50	50	50	Hz
定子电阻	0.55	0.7384	0.7384	Ω
定子电抗	2.324	3.045	3.045	mH
转子电阻	0.38	0.74	0.74	Ω
转子电抗	3.0558	3.045	3.045	mH
励磁电抗	83.0789	124.1	124.1	mH
惯量	0.15	0.08	0.08	kg · m²
摩擦系数	0.0085	0.000503	0.000503	N · m · s
极对数	2	2	2	—

表 A-4 电压源逆变器（VSI）参数

参数	名称	数值	单位
P_n	额定功率	50	kW
V_n	额定电压	400	V
f_0	空载频率	50	Hz
V_0	空载电压	1.06	标幺值
T_{dP}	有功功率解耦延迟	0.6	s
T_{dQ}	无功功率解耦延迟	0.6	s
k_P	有功下垂特性	-1.3566×10^{-4}	Rad · s⁻¹ · W⁻¹
k_Q	无功下垂特性	-3.0×10^{-6}	V（标幺值）· var⁻¹
k_{ff}	相角前馈增益	-5.0×10^{-6}	rad · W⁻¹
$\underline{Z}_f$	耦合过滤器阻抗	0.005+j0.6	Ω
I_{max}^{CC}	最大短路电流（RMS）	355	A

表 A-5 固态氧化燃料电池（SOFC）

参数	名称	数值	单位	参数	名称	数值	单位
	电气额定值				燃料电池系统		
P_n	额定功率	50	kW	r_{H_O}	氢氧比例	1.145	—
V_{int}	燃料电池系统理想电压	333.8	V	τ_{H_2}	氢气流量时间常数	26.1	s

续表

参数	名称	数值	单位	参数	名称	数值	单位
τ_{O_2}	氧气流量时间常数	2.91	s	r	内电阻	0.126	Ω
τ_{H_2O}	水蒸气流量时间常数	78.3	s	N_0	电池组中电池单元数量	384	—
U_{max}	最大燃料利用率	0.9	—	T	绝对电池温度	1273	K
U_{min}	最小燃料利用率	0.8	—		次级负荷频率控制		
U_{opt}	最优燃料利用率	0.85	—	k_P	比例增益	12.5	—
T_e	电气反应时间常数	0.8	s	k_Q	积分增益	1.5	—
T_f	燃料重整器时间常数	5.0	s				

表 A-6　　　　单轴微型燃气轮机参数（SSMT1、SSMT2、SSMT3）

参数	名称	数值	单位	参数	名称	数值	单位
	电气额定值			L_q	q 轴电抗	0.6875	mH
P_n	额定功率	30	kW	R_s	定子绕组电阻	0.25	Ω
V_n	额定电压	400	V	Φ_m	永磁电机定子绕组感应磁通量	0.0534	Wb
	有功控制						
K_P	比利增益	3	—	p	极对数	1	—
K_i	积分增益	0.23	—	J	转子和负载复合惯量	0.003	kg·m²
	微型燃气透平发电机				电动机侧逆变器控制		
T_1	燃料系统时间常数 1	15	s	k_{P1}	PI-1 比例增益	30	—
T_2	燃料系统时间常数 2	0.2	s	k_{I1}	PI-1 积分增益	10	—
T_3	负荷限制时间常数	3	s	k_{P2}	PI-2 比例增益	100	—
L_{max}	负荷限值	1.5	S	k_{I2}	PI-2 积分增益	150	—
V_{max}	最大燃料值位置	1.2	—	k_{P3}	PI-3 比例增益	50	—
V_{min}	最小燃料值位置	−0.1	—	k_{I3}	PI-3 积分增益	20	—
k_t	温度控制循环增益	1	—		二次频率控制		
	永磁同步电动机			k_P	比例增益	20	—
L_d	d 轴电抗	0.6875	mH	k_I	积分增益	1.1	—

表 A-7　　　　　　　　　SSMT "$\omega-P$" 曲线

SSMT 输出功率（kW）	SSMT 转速（kr/min）	SSMT 输出功率（kW）	SSMT 转速（kr/min）
7	66.9	21	87.0
14	78.0	28	90.4

表 A-8　　　　　SSMT 和 SOFC 并网 PQ 控制逆变器参数

参数	名称	数值	单位	参数	名称	数值	单位
S_n	额定功率	40	kVA	Z_f	耦合滤波器阻抗	0.005＋j0.15	Ω
V_n	额定电压	400	V	C	直流连接电容器	0.001	F

参数	名称	数值	单位	参数	名称	数值	单位
$V_{\text{dc. ref}}$	直流连接参考电压	800	V	k_{P2}	PI-2 比例增益	0	—
k_{P1}	PI-1 比例增益	−5	—	k_{I2}	PI-2 积分增益	100	—
k_{I1}	PI-1 积分增益	−3	—	I_{max}^{CC}	最大短路电流（RMS）	70	A

表 A-9 光伏系统参数

参数	名称	数值	单位
G_a	环境光照强度	870	$\text{W} \cdot \text{m}^{-2}$
T_a	环境温度	20	℃
$P_{\text{max},0}$	标准测试条件下模块最大发电功率	25	W
$\mu_{P_{\text{max}}}$	模块最大发电功率随温度变化率	−0.005	W/℃
$NOCT$	电池正常工作温度	47	℃
N	电池模块数量	400	—

表 A-10 光伏系统并网 PQ 控制逆变器参数

参数	名称	数值	单位	参数	名称	数值	单位
S_n	额定功率	10	kVA	k_{P1}	PI-1 比例增益	−5	—
V_n	额定电压	400	V	k_{I1}	PI-1 积分增益	−3	—
$\underline{Z}_f$	耦合滤波器阻抗	0.01+j0.22	Ω	k_{P2}	PI-2 比例增益	0	—
C	直流连接电容器	0.0005	F	k_{I2}	PI-2 积分增益	100	—
$V_{\text{dc. ref}}$	直流连接参考电压	800	V	I_{max}^{CC}	最大短路电流（RMS）	20	A

表 A-11 微型风力发电机参数

参数	数值	单位	参数	数值	单位
额定功率	15	kW	转子电抗	0.991	mH
额定电压	400	V	励磁电抗	64.19	mH
额定频率	50	Hz	惯量	0.75	$\text{kg} \cdot \text{m}^2$
定子电阻	0.2147	Ω	摩擦系数	0.0095	$\text{N} \cdot \text{m} \cdot \text{s}$
定子电抗	0.991	mH	极对数	2	—
转子电阻	0.2205	Ω	电容器组	8.5	kvar

基于仿真平台还建立了微电网服务故障恢复程序分析仿真系统（见图 A-3），该仿真测试系统的电压源逆变器参数情况见下文。和前文呈现的系统参数相比，

在仿真过程中，电压源逆变器的空载电压和角频率将根据电压和控制需要进行调整（储能设备的电压源逆变器是一个例外，其空载角频率依然保持为 50Hz），其值将不在后续表格中出现。PQ 控制逆变器和感应电机参数和前表中一致，保持不变。

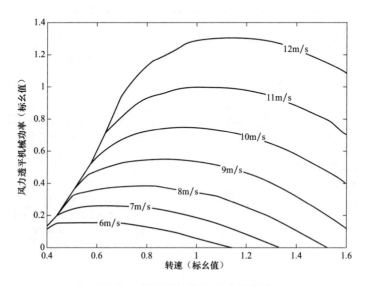

图 A-2　微型风力发电机功率曲线

表 A-12　　　　　　SSMT2 电压源逆变器在多主控制模式下的参数

参数	名称	数值	单位
P_n	额定功率	30	kW
V_n	额定电压	400	V
f_0	空载频率	取决于 SSMT 有功功率调度值	Hz
V_0	空载电压	取决于 SSMT 有功功率调度值	标幺值
T_{dP}	有功功率解耦延迟	0.5	s
T_{dQ}	无功功率解耦延迟	0.5	s
k_P	有功下垂特性	-2.0994×10^{-4}	Rad · s^{-1} · W^{-1}
k_Q	无功下垂特性	-5.0×10^{-6}	V（标幺值）· var^{-1}
k_{ff}	相角前馈增益	-3.33×10^{-6}	rad · W^{-1}
$\underline{Z}_f$	耦合过滤器阻抗	$0.008 + j0.25$	Ω
I_{max}^{CC}	最大短路电流（RMS）	215	A

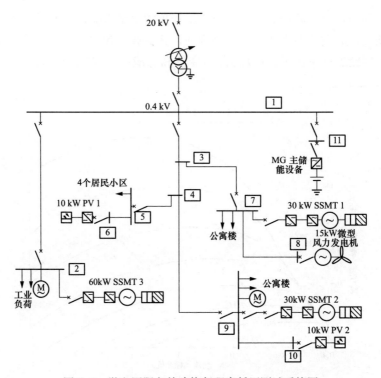

图 A-3　微电网服务故障恢复程序低压测试系统图

表 A-13　　　　　　不同微型电源的电压源逆变器参数——第一部分

参数	名称	微电网主储能设备	SSMT1	单位
P_n	额定功率	30	30	kW
V_n	额定电压	400	400	V
T_{dP}	有功功率解耦延迟	0.8	0.5	s
T_{dQ}	无功功率解耦延迟	0.8	0.5	s
k_P	有功下垂特性	-2.0994×10^{-4}	-4.1888×10^{-4}	Rad $\cdot$ s^{-1} $\cdot$ W^{-1}
k_Q	无功下垂特性	-2.0×10^{-6}	-4.0×10^{-6}	V（标幺值）$\cdot$ var^{-1}
k_{ff}	相角前馈增益	-3.5×10^{-5}	-1.5×10^{-5}	rad $\cdot$ W^{-1}
$\underline{Z}_f$	耦合过滤器阻抗	0.005+j0.16	0.005+j0.19	Ω

表 A-14　　　　　　不同微型电源的电压源逆变器参数——第二部分

参数	名称	SSMT2	SSMT3	单位
P_n	额定功率	30	60	kW
V_n	额定电压	400	400	V
T_{dP}	有功功率解耦延迟	0.5	1.0	s

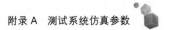

续表

参数	名称	SSMT2	SSMT3	单位
T_{dQ}	无功功率解耦延迟	0.5	1.0	s
k_P	有功下垂特性	-4.1888×10^{-4}	-2.0994×10^{-4}	Rad·s^{-1}·W^{-1}
k_Q	无功下垂特性	-4.0×10^{-6}	-2.0×10^{-6}	V（标幺值）·var^{-1}
k_{ff}	相角前馈增益	-1.5×10^{-5}	-5.5×10^{-5}	rad·W^{-1}
$\underline{Z}_f$	耦合过滤器阻抗	0.005+j0.19	0.003+j0.10	Ω

附录B 动态仿真平台

本附录旨在介绍在 MatLab®/Simulink® 环境中由 SymPowerSystems 工具箱开发的微电网动态仿真平台的相关知识。利用该仿真平台，可以分析含有若干微型电源和储能设备（动态模型见第 3 章）的低压电网动态情况，以及本文推荐的微电网孤岛运行控制策略（内容见第 4 章）。

图 5-1 所示的低压测试系统在 MatLab®/Simulink® 环境中的实现情况如图 B-1 所示。仿真平台基于模块技术开发，所有模块和控制参数可方便通过 Mat-Lab®/Simulink® 环境中的"封装"功能进行关联和调整。为说明这一特性，图 B-2 为 SSMT 和外部三相系统的连接方式图，其中 SSMT 模型用一个框图表

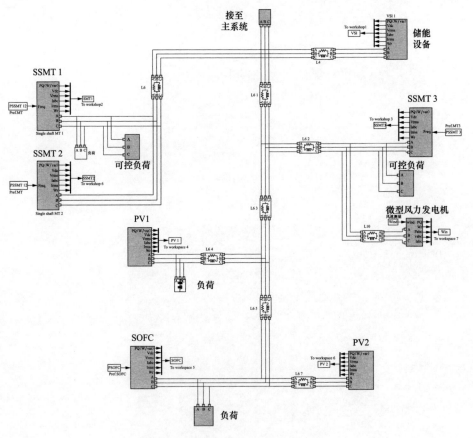

图 B-1 MatLab®/Simulink® 仿真平台

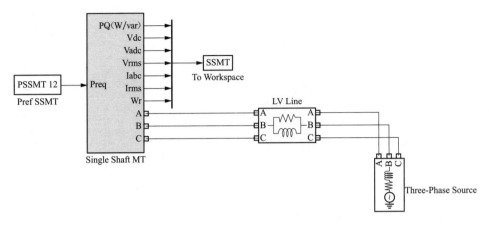

图 B-2　SSMT 连接到三相系统图

示，具体参数将在下文介绍。观察发现，在 SSMT 的模型框图中，除了电气连接点 A、B、C 外，还包含了一系列 SSMT 相关参数，包括有功/无功输出功率（P/Q）、直流连接电压（V_{dc}）、转速（w_r）等，方便用户访问。在 MatLab®/Simulink® 环境中，采用了"封装"概念，允许将某一特定系统的若干子模块封装到一个框图内，然后基于图形学的观点，构建成友好访问的高级功能模块。

为了展示 MatLab®/Simulink® 环境的"封装"功能，双击图 B-2 中 SSMT 模型框图，弹出图 B-3 显示对话框。从图 B-3 中可以看出，

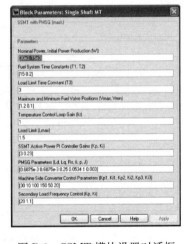

图 B-3　SSMT 模块设置对话框

第 3 章中提到的所有 SSMT 参数均可在对话框中输入和修订。

在图 B-2 中可以看到，SSMT 封装框图中包含了多个与 SSMT 动态模型细节有关的子框图，包括 PQ 控制逆变器、二次负荷频率控制（见图 B-4）等。图 B-2 中 SSMT 模块主体框图依然是高级封装模块，其下还有一级子框图，进一步弹开后，可以看到 SSMT 模型的实现细节［SSMT 机械部分、永磁同步发电机（PMSG）和电机侧的逆变器］，如图 B-5 所示。

仿真平台的模块化开发工作，是在 MatLab®/Simulink® 环境支撑下实现的，这点很重要。如前所述，MatLab®/Simulink® 环境允许开发界面友好的功能模块，这是我们选择该环境的重要原因之一。

固体氧化物燃料电池（SOFC）模型的实现过程和 SSMT 模型相似。为了显示有关模型细节，本附录将提供相应的图形说明。图 B-6 为双击 SOFC 模型框图

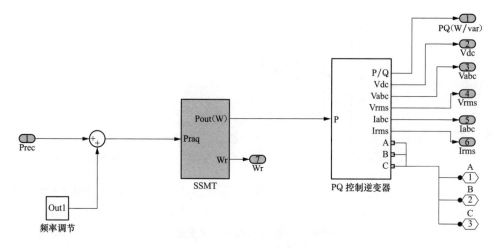

图 B-4　SSMT 框图封装细节

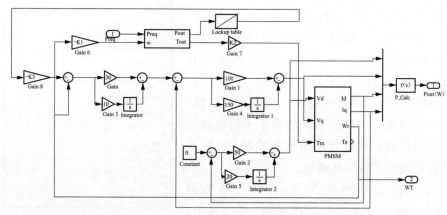

图 B-5　SSMT 模型，包括 SSMT 机械部分、永磁同步发电机和电机侧逆变器

图 B-6　SOFC 模块设置对话框

后弹出的对话框，从中可以看出，第 3 章描述的 SOFC 参数细节，均可以在该对话框中进行输入和设置。查看 SOFC 模块框图包含的子框图，可以看到其模型实现细节，包括 PQ 控制逆变器、二次负荷频率控制等（见图 B-7）。进一步打开 SOFC 次级模块框图，可以看到 SOFC 的组成部分，如电化学模块（见图 B-8）。

在开发仿真平台时，在与可控负荷有关的负荷减载机制的实现过程中，有一个特殊问题需注意。通常情况下，负荷减载机制中的负荷减载行为发生在系统频率（及偏移时间）低于预设频率值时，并由频率减载保护切除可控负荷实现。为避免低频减载保护动作的随机性，需设置相应时间参数（保护动作时间），确保负荷减载措施仅在系统频率偏移持续时间大于保护动作时间定值时才会激活。在电网频率恢复过程中，被切除负荷可以重新并网。但需注意，这些负荷不能同时并网，以免系统频率出现大的波动，并引发新的负荷减载行为。

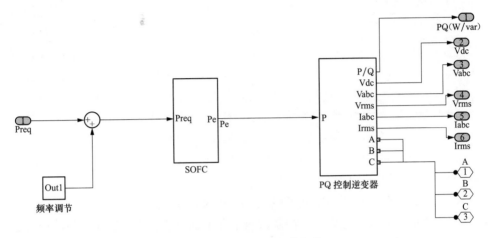

图 B-7 SOFC 模块封装细节

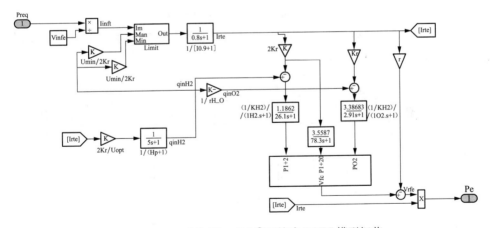

图 B-8 MatLab® /Simulink® 环境中 SOFC 模型细节

在遵循负荷减载关键原则基础上，负荷减载机制实施过程中的相关参数，可以根据图 B-9 提示的对话框逐步设置。

图 B-9 对话框中定义的参数含义如下：

（1）前两组参数定义了负荷正常工作情况（电压、频率、有功功率和无功功率）。

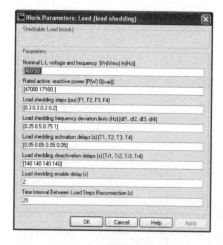

图 B-9　负荷减载参数

（2）负荷减载步骤用于定义负荷减载步骤。在本文案例中，应用模型定义了 4 个负荷减载步骤，每个步骤对应一定比例的负荷减载量。

（3）负荷减载频率限值定义了负荷减载动作时对应的频率偏移情况。在图 B-9 所示参数中，当频率偏移值为 0.25Hz 时，负荷减载量为 30％；当频率偏移量达到 0.5Hz 时，再执行第二轮负荷减载策略，切除负荷量为 30％（换句话说，当系统频率偏移量达到 0.5Hz 时，共执行了两轮负荷减载动作，60％的系统负荷被切除）。

（4）负荷减载动作延时对应了不同轮次低频减载保护动作延时情况。可以为每一轮负荷减载设置不同的延时定值。

（5）负荷减载闭锁延时定义了减载负荷并网最短等待延时。

（6）负荷减载功能允许延时控制参数定义了负荷减载功能生效时间，计时起点是仿真开始时刻。

（7）最后一个参数定义了每轮负荷并网时间间隔。在模型中暗含如下准则：若负荷减载执行了 n 步，则对应的负荷恢复需执行 $2n$ 步。

根据上述负荷减载机制实施过程的一般概念解释，制定了图 B-10 所示的负荷减载实施模型。

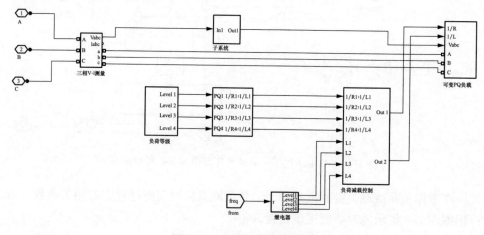

图 B-10　负荷减载实施框图

参 考 文 献

[1] Energy Information Administration, "International energy outlook 2008." [Online]. Available: http://www.eia.doe.gov/oiaf/ieo/highlights.html.

[2] European Commission-Community Research, "New ERA for electricity in Europe." [Online]. Available: http://www.rtd.si/slo/6op/podr/trajraz/ensis/gradivo/inc/New-ERA-for-Electricity-in-Europe.pdf.

[3] European Commission-Directorate General for Energy and Transport, "Energy for a changing World." [Online]. Available: http://ec.europa.eu/energy/energy_policy/index_en.htm.

[4] N. Jenkins, R. Allan, P. Crossley, D. Kirschen, and G. Strbac, "Embedded generation." The Institution of Electrical Engineers Power Engineering Series 31, London, 2000, ISBN 0-85296-774-8.

[5] S. M. Jimenez and N. Hatziargyriou, "Research activities in Europe on integration of distributed energy resources in the electricity networks of the future." in *Proceedings* 2006 *IEEE Power Engineering Society General Meeting*, 18-22 June 2006.

[6] MICROGRIDS-Large Scale Integration of Micro-Generation to Low Voltage Grids, EU Contract no. ENK5-CT-2002-00610, Technical Annex, May 2002.

[7] European Commission-Community Research, "Towards smart power networks: lessons learned from European research FP5 projects." [Online]. Available: http://ec.europa.eu/research/energy/pdf/towards_smartpower_en.pdf.

[8] V. H. M. Quezada, "Distributed generation: technical aspects and regulatory issues." PhD dissertation submitted to *Universidad Pontificia Comillas de Madrid*, 2005 (in Spanish).

[9] H. L. Willis and W. G. Scott, "Distributed power generation: planning and evaluation." Marcel Dekker, 2000, ISBN 0-8247-0336-7.

[10] CIRED Working Group No. 4 on Dispersed Generation, Preliminary Report for Discussion at CIRED 1999, Nice, 2 June 1999.

[11] P. Dondi, D. Bayoumi, C. Haederli, D. Julian, and M. Suter, "Network integration of distributed power generation." *Journal of Power Sources*, vol. 106, no. 1-2, pp. 1-9, April 2002.

[12] T. Ackermann, G. Andersson, and L. Soder, "Distributed generation: a definition." *Electric Power Systems Research*, vol. 57, no. 3, pp. 195-204, April 2001.

[13] International Energy Agency, "Distributed generation in liberalized electricity markets." [Online.] Available: http://www.iea.org/textbase/nppdf/free/2000/distributed2002.pdf.

[14] J. A. Pecas Lopes, N. Hatziargyriou, J. Mutale, P. Djapic, and N. Jenkins, "In-

165

tegrating distributes generation into electric power systems: a review of drivers, challenges and opportunities." *Electric Power Systems Research*, vol. 77, no. 9, pp. 1189-1203, July 2007.

[15] T. Bopp, A. Shafiu, I. Cobelo, I. Chilvers, N. Jenkins, G. Strabac, H. Li, and P. Crossley, "Commercial and technical integration of distributed generation into distribution networks." *in Proceedings CIRED-17th International Conference on Electricity Distribution*, Barcelona, 12-15 May 2003.

[16] European Research and Development project MICROGRIDS, [Online.] Available: http://microgrids.power.ece.ntua.gr/micro/default.php.

[17] F. Katiraei and M. Iravani, "Power management strategies for a microgrid with multiple distributed generation units." *IEEE Transactions on Power Systems*, vol. 21, no. 4, pp. 1821-1831, November 2006.

[18] F. Katiraei, M. Iravani, and P. W. Lehn, "Microgrid autonomous operation during and subsequent to islanding process." *IEEE Transactions on Power Delivery*, vol. 20, no. 1, pp. 248-257, January 2005.

[19] R. Lasseter, "Microgrids." *in Proceedings of 2002 IEEE Power Engineering Society Winter Meeting*, 2002.

[20] C. L. Smallwood, "Distributed generation in autonomous and non-autonomous microgrids. "in Proceedings *IEEE Rural Electric Power Conference*, 2002.

[21] P. Chiradeja and R. Ramakumar, "An approach to quantity the technical benefits of distributed generation." *IEEE Transactions on Power Conversion*, vol. 19, no. 4, pp. 764-773, December 2004.

[22] H. A. Gil and G. Joos, "On the quantification of the network capacity deferral value of distributed generation." *IEEE Transactions on Power Systems*, vol. 21, no. 4, pp. 1592-1599, November 2006.

[23] R. N. Allan, P. Djapic, and G. Strbac, "Assessing the contribution of distributed generation to system security." *in Proceedings PMAPS-9th International Conference on Probabilistic Methods Applied to Power Systems*, Stockholm, Sweden, 2006.

[24] P. M. Costa and M. A. Matos, "Economic analysis of microgrids including reliability aspects. "*in Proceedings PMAPS-9th International Conference on Probabilistic Methods Applied to Power Systems*, Stockholm, Sweden, 2006.

[25] Y. Sun, M. H. J. Bollen, and G. W. Ault, "Probabilistic reliability evaluation for distribution systems with DER and microgrids." *in Proceedings PMAPS-9th International Conference on Probabilistic Methods Applied to Power Systems*, Stockholm, Sweden, 2006.

[26] J. M. Daley and R. L. Siciliano, "Application of emergency and standby generation for distributed generation: part I-concepts and hypotheses." *IEEE Transactions on Industry Applications*, vol. 39, no. 4, pp. 1214-1225, July/August 2003.

[27] H. A. Gil and G. Joos, "Customer-owned back-up generators for energy management by distribution utilities." *IEEE Transactions on Power Systems*, vol. 22, no. 3, pp. 1044-1050, August 2007.

[28] G. Pepermans, J. Driesen, D. Haeseldonckx, R. Belmans, and W. D'haeseleer, "Distributed generation: defenition, beneficts and issues." *Energy Policy*, vol. 33, no 6, pp. 787-798, April 2005.

[29] R. E. Brown, J. Pan, X. Feng, and K. Koutlev, "Sitting distributed generation to defer T&D expansion." *in Procceddings* 2001 *IEEE/PES Transmission and Distribution Conference and Exposition*, Atlanta, 2001.

[30] G. P. Harrison, A. Piccolo, P. Siano, and A. R. Wallace, "Exploring the tradeoffs between incentives for distributed generation developers and DNOs." *IEEE Transactions on Power Systems*, vol. 22, no. 2, pp. 821-828, May 2007.

[31] G. Joos, B. T. Ooi, D. McGillis, and R. Marceau, "The potential of distributed generation to provide ancillary services." *in Proceedings IEEE Power Engineering Society Summer Meeting*, 2000.

[32] L. F. Ochoa, A. Padilha-Feltrin, and G. P. Harrison, "Evaluating distributed generation impacts with a multiobjective index." *IEEE Transactions on Power Delivery*, vol. 21, no. 3, pp. 1452-1458, July 2006.

[33] V. H. M. Quezada, J. R. Abbad, and T. S. Román, "Assessment of energy distribution losses for increasing penetration of distributed generation." *IEEE Transactions on Power Systems*, vol. 21, no. 2, pp. 533-540, May 2006.

[34] C. Wang and M. H. Nehrir, "Analytical approaches for optimal placement of distributed generation sources in power systems." *IEEE Transactions on Power Systems*, vol. 19, no. , pp. 2068-2076, November 2004.

[35] P. M. Costa and M. A. Matos, "Loss Allocation in distribution networks with embedded generation." *IEEE Transactions on Power Systems*, vol. 19, no. 4, pp. 384-389, February 2004.

[36] J. Mutale, G. Strbac, S. Curcic, and N. Jenkins, "Allocation of losses in distribution systems with embedded generation." *IEE Proceedings-Generation*, *Transmission and Distribution*, vol. 147, no. 1, pp. 7-14, January 2000.

[37] U. S. Department of Energy-Office of Industrial Technologies, "Review of combined heat and power technologies." [Online.] Available: http://www. eere. energy. gov/de/pdfs/chp_review. pdf.

[38] U. S. Department of Energy-Office of Fossil Energy, "Fuel cell handbook-7th edition." [Online.] Available: http://www. netl. doe. gov/technologies/coalpower/fuelcells/seca/pubs/FCHandbook7. pdf.

[39] K. Rajashekara, "Hybrid fuel-cell strategies for clean power generation." *IEEE Transactions on Industry Applications*, vol. 41, no. 3, pp. 682-689, May/June 2005.

［40］ L. J. Blomen and M. N. Mugerwa，"Fuel cell systems." Plenum Press，1993，ISBN 0-306-44158-6.

［41］ M. W. Ellis，M. Spakovsky，and D. J. Nelson，"Fuel cell systems: efficient, flexible energy conversion for the 21st century." *Proceedings of the IEEE*，vol. 89，no. 12，pp. 1808-1818，December 2001.

［42］ M. A. Laughton，"Fuel cells." *Power Engineering Journal*，vol. 16，no. 1，pp. 37-47，February 2002.

［43］ MICROGRIDS project deliverable DA 1，"Digital models for microsources." ［Online.］ Available: http://microgrids. power. ece. ntua. gr/micro/micro2000/delivarables/Deliverable_DA1. pdf.

［44］ NREL-National Renewable Energy Laboratory，"Gas-fired distributed energy resource technology characterizations." ［Online.］ Available: http://www. eea-inc. com/dgchp_reports/TechCharNREL. pdf.

［45］ S. R. Guda, C. Wang, and M. H. Nehrir，"Modeling of microturbine power generation systems." *Electric Power Components and Systems*，vol. 34，no. 9，pp. 1027-1041，September 2006.

［46］ Oak Ridge National Laboratory，"Guide to combined heat and power systems for boiler owners and operators." ［Online.］ Available: http://cibo. org/pubs/ornl-tm-2004-144. pdf.

［47］ Y. Zhu and K. Tomsovic，"Development of models for analyzing the load-following performance of microturbines and fuel cells." *Electric Power Systems Research*，vol. 62，no. 1，pp. 1-11，May 2002.

［48］ M. R. Patel，"Wind and solar power systems-design, analysis and operation." Taylor & Francis，2005，ISBN 0-8493-1570-0.

［49］ J. A. Duffie and W. A. Beckman，"Solar engineering of thermal processes." John Willey & Sons，1991，ISBN 0-471-51056-4.

［50］ Florida Solar Energy Centre，"Installing photovoltaic systems: a question and answer guide for solar electric systems." ［Online.］ Available: http://www. fsec. ucf. edu/en/research/photovoltaics/vieo/resources/documents/PVPrimer. pdf.

［51］ R. G. Almeida，"Contributions for the evaluation of the Double Fed Wind Generators capability to provide ancillary services." PhD dissertation submitted to the Faculty of Engineering of University of Porto，Porto，2006.

［52］ "Small wind turbines: the unsung heroes of the wind industry." *REFOCUS*，vol. 3，no. 2，March/April 2002.

［53］ "Wind energy in buildings: power generation from wind in the urban environment-where it is needed most." *REFOCUS*，vol. 7，no. 2，March/April 2006.

［54］ "Wind turbine buyer's guide." ［Online.］ Available: http://www. homepower. com/files/featured/TurbineBuyersGuide. pdf.

［55］ H. Ibrahim, A. Ilinca, and J. Perron, "Energy storage systems-characteristics and comparisons." *Renewable and Sustainable Energy Reviews*, vol. 12, no. 5, pp 1221-1250, June 2008.

［56］ M. S. Illindala and G. Venkataramanan, "Battery energy storage for stand-alone micro-source distributed generation systems." *in Proceedings PES 2002-Power and Energy Systems*, Marina del Rey, USA, 13-15 May 2002.

［57］ A. Burke, "Ultracapacitors: why, how, and where is the technology." *Journal of Power Sources*, vol. 91, no. 1, pp. 37-50, November 2000.

［58］ P. P. Barker, "Ultracapacitors for use in power quality and distributed resource applications." *in Proceedings 2002 IEEE Power Engineering Society Summer Meeting*, 2002.

［59］ B. B. Plater and J. A. Andrews, "Advances in flywheel energy-storage systems." [Online.] Available: http://www. powerpulse. net/techPaper. php? paperID=78.

［60］ B. Bolund, H. Bernhoff, and M. Leijon, "Flywheel energy and power storage systems." *Renewable and Sustainable Energy Reviews*, vol. 11, no. 2, pp. 235-258, February 2007.

［61］ R. Hebner, J. Beno, and A. Walls, "Flywheel batteries come around again." *IEEE Spectrum*, vol. 39, no. 4, pp. 46-51, April 2002.

［62］ S. R. Holm, H. Polinder, J. A. Ferreira, P. Gelder, and R. Dill, "A comparison of energy storage technologies as energy buffer in renewable energy sources with respect to power capability." *in Proceedings IEEE Young Researchers Symposium in Electrical Power Engineering*, Leuven-Belgium, 7-8 February 2002.

［63］ S. N. Liew and G. Strbac, "Maximizing penetration of wind generation in existing distribution networks." *IEE Proceedings-Generation, Transmission and Distribution*, vol. 149, no. 3, pp. 256-262, May 2002.

［64］ N. C. Scott, D. J. Atkinson, and J. E. Morrell, "Use of load control to regulate voltage on distribution networks with embedded generation." *IEEE Transactions on Power Systems*, vol. 17, no. 2, pp. 510- 515, May 2002.

［65］ N. D. Hatziargyriou, T. S. Karakatsanis, and M. Papadopoulos, "Probabilistic load flow in distribution systems containing wind power generation." *IEEE Transactions on Power Systems*, vol. 8, no. 1, pp. 159-165, February 1993.

［66］ V. Miranda, M. A. Matos, and J. T. Saraiva, "Fuzzy Load Flow-new algorithms incorporating uncertain generation and load representation." *in Proceedings 10th PSCC-Power Systems Computation Conference*, Butterworth, London, 1990.

［67］ C. M. Hird, H. Leite, N. Jenkins, and H. Li, "Network voltage controller for distributed generation." *IEE Proceedings-Generation, Transmission and Distribution*, vol. 151, no. 2, pp. 150-156, March 2004.

［68］ F. Bignucolo, R. Caldon, and V. Prandoni, "Radial MV networks voltage regulation with distribution management system coordinated controller." *Electric Power Systems*

Research，vol. 78，no. 4，pp. 634- 645，April 2008.

[69] J. A. Pecas Lopes，A. Mendonca，N. Fonseca，and L. Seca，"Voltage and reactive power control provided by DG units." *in Proceedings CIGRÉ Symposium： Power Systems with Dispersed Generation*，Athens，Greece，2005.

[70] T. Boutsika，S. Papathanassiou，and N. Drossos，"Calculation of the fault level contribution of distributed generation according to IEC Standard 60909." *in Proceedings CIGRÉ Symposium： Power Systems with Dispersed Generation*，Athens，Greece，2005.

[71] N. Nimpitiwan，G. T. Heydt，R. Ayyanar，and S. Suryanarayanan，"Fault current contribution from synchronous machine and inverter based distributed generators." *IEEE Transactions on Power Delivery*，vol. 22，no. 1，pp. 634-641，January 2007.

[72] MICROGRIDS project deliverable DE 2，"Protection guidelines for a microgrid." ［Online.］ Available：http://microgrids. power. ece. ntua. gr/micro/micro2000/delivarables/Deliverable_DE2. pdf.

[73] T. Ackermann and V. Knyazkin， "Interaction between distributed generation and the distribution network：operation aspects." *in Proceedings Asia Pacific 2002 IEEE/PES Transmission and Distribution Conference and Exhibition*，2002.

[74] A. Girgis and S. Brahma，"Effect of distributed generation on protective device coordination in distribution system." *in Proceedings LESCOPE 2001：Large Engineering Systems Conference on Power Engineering*，2001.

[75] K. Kauhaniemi and L. Kumpulainen，"Impact of distributed generation on the protection of distribution networks." *in Proceedings 8th IEE International Conference on Developments in Power System Protection*，2004.

[76] P. P. Barker and R. W. d. Mello，"Determining the impact of distributed generation on power systems：Part I-Radial distribution systems." *in Proceedings IEEE Power Engineering Society Summer Meeting*，2000.

[77] K. Macken，M. Bollen，and R. Belmans，"Mitigation of voltage dips through distributed generation systems." *IEEE Transactions on Industry Applications*，vol. 40，no. 6，pp. 1686-1693，November/December 2004.

[78] R. A. Walling and N. W. Miller， "Distributed generation islanding-implications on power system dynamic performance." *in Proceedings 2002 IEEE Power Engineering Society Summer Meeting*，2002.

[79] IEEE 1547 Standard-IEEE Standard for Interconnecting Distributed Resources with Electric Power Systems，2003.

[80] O. Samuelsson and N. Strath， "Islanding detection and connection requirements. "*in Proceedings IEEE 2007 Power Engineering Society General Meeting*，2007.

[81] Z. Ye，A. Kolwalker，Y. Zhang，P. Du，and R. Walling， "Evaluation of anti-islanding schemes based on non-detection zone concept." *IEEE Transactions on Power E-*

lectronics, vol. 19, no. 5, pp. 1171-1176, September 2004.

[82] J. Jyrinsalo and E. Lakervi, "Planning the islanding scheme of a regional power producer. "*in Proceedings CIRED-12th International Conference on Electricity Distribution*, Birmingham, UK, 1993.

[83] K. Rajamani and U. K. Hambarde, "Islanding and load shedding schemes for captive power plants. "*IEEE Transactions on Power Delivery*, vol. 14, no. 3, pp. 805-809, July 1999.

[84] P. R. Shukla, D. Biswas, T. Nag, A. Yajnik, T. Heller, and D. G. Victor, "Captive power plants: case study of Gujarat, India. " [Online.] Available: http://iis-db. stanford. edu/pubs/20454/wp22_cpp_5mar04. pdf.

[85] A. Bagnasco, B. Delfino, G. B. Denegri, and S. Massuco, "Management and dynamic performances of combined cycle power plants during parallel and islanding operation. " *IEEE Transactions on Energy Conversion*, vol. 13, no. 2, pp. 194-201, June 1998.

[86] S. Sishuba and M. A. Redfern, "Adaptive control system for continuity of supply using dispersed generators. " *IEE Proceedings-Generation*, *Transmission and Distribution*, vol. 152, no. 1, pp. 23-30, January 2005.

[87] L. Seca and J. A. Pecas Lopes, "Intentional islanding for reliability improvement in distribution networks with high DG penetration. " *in Proceedings FPS 2005-International Conference on Future Power Systems*, Amsterdam, The Netherlands, 2005.

[88] P. Fuangfoo, W. Lee, and M. Kuo, "Impact study on intentional islanding of distributed generation connected to a radial subtransmission system inThailand' s electric power system. " *IEEE Transactions on Industry Applications*, vol. 43, no. 6, pp. 1491-1498, November-December 2007.

[89] R. Lasseter and P. Piagi, "Providing premium power through distributed resources. "*in Proceedings 33rd Hawaii International Conferece on System Sciences*, 2000.

[90] P. Piagi and R. Lasseter, "Autonomous control of microgrids. "*in proceedings IEEE 2006 Power Engineering Society General Meeting*, 2006.

[91] R. Caldon, F. Rossetto, and R. Turri, "Temporary islanded operation of dispersed generation on distribution networks. " *in Proceedings 39th International UPEC-Universities Power Engineering Conference*, 2004.

[92] M. Barnes, J. Kondoh, H. Asano, J. Oyarzabal, G. Ventakaramanan, R. Lasseter, N. Hatziargyriou, and T. Green, "Real-world microgrids-an overview. " *in Proceedings SoSE' 07-IEEE International Conference on System of Systems Engineering*, 2007.

[93] N. Hatziargyriou, H. Asano, R. Iravani, and C. Marnay, "Microgrids. " *IEEE Power and Energy Magazine*, vol. 5, no. 4, pp. 78-94, July-August 2007.

[94] Consortium for Electric Reliability Technology Solutions. [Online.] Available: http://

certs. lbl. gov/.

[95] R. Lasseter, A. Akhil, C. Marnay, J. Stephens, J. Dagle, R. Guttromson, A. Meliopoulos, R. Yinger, and J. Eto, "White paper on integration of distributed energy resources-the CERTS microgrid concept." [Online.] Available: http://certs. lbl. gov/pdf/50829-app. pdf.

[96] J. A. Pecas. Lopes, C. L. Moreira, and A. G. Madureira, "Defining control strategies for microgrids islanded operation," *IEEE Transactions on Power Systems*, vol. 21, no. 2, pp. 916-924, May 2006.

[97] MICROGRIDS project deliverable DF 1, "Report on Telecommunication Infrastructures and Communication Protocols." [Online.] Available: http://microgrids. power. ece. ntua. gr/micro/micro2000/delivarables/Deliverable_DF1. pdf.

[98] R. Lasseter, "CERTS microgrid. *in Proceedings SoSE' 07-IEEE International Conference on System of Systems Engineering*, 2007.

[99] N. Pogaku, M. Prodanovic, and T. C. Green, "Modeling, analysis and testing of autonomous operation of an inverter-based microgrid." *IEEE Transactions on Power Electronics*, vol. 22, no. 2, pp. 613-625, March 2007.

[100] D. J. Hall and R. G. Colclaser, "Transient modeling and simulation of a tubular solid oxide fuel cell. *IEEE Transactions on Energy Conversion*, vol. 14, no. 3, pp. 749-753, September 1999.

[101] K. Sedghisigarchi and A. Feliachi, "Dynamic and transient analysis of power distribution systems with fuel cells-Part I: fuel-cell dynamic model." *IEEE Transactions on Energy Conversion*, vol. 19, no. 2, pp. 423-428, June 2004.

[102] C. Wang and M. H. Nehrir, "A physically based dynamic model for solid oxide fuel cells. *IEEE Transactions on Energy Conversion*, vol. 22, no. 4, pp. 887-897, December 2007.

[103] J. Padullés, G. W. Ault, and J. R. McDonald, "An integrated SOFC plant dynamic model for power systems simulation." *Journal of Power Sources*, vol. 86, no. 1-2, pp. 495-500, March 2000.

[104] F. Jurado, M. Valverde, and A. Cano, "Effect of a SOFC plant on distribution system stability." *Journal of Power Sources*, vol. 129, no. 2, pp. 170-179, April 2004.

[105] V. Knyazkin, L. Soder, and C. Canizares, "Control challenges of fuel cell-driven distributed generation." *in Proceedings IEEE* 2003 *Bologna Power Tech*, Bologna, Italy, 2003.

[106] Y. H. Li, S. S. Choi, and S. Rajakaruna, "An analysis of the control and operation of a solid oxide fuelcell power plant in an isolated system." *IEEE Transactions on Energy Conversion*, vol. 20, no. 2, pp. 381-387, June 2005.

[107] O. Fethi, L. Dessaint, and K. Al-Haddad, "Modeling and simulation of the electric

part of a grid connected microturbine." *in Proceedings* 2004 *IEEE Power Engineering Society General Meeting*, 2004.

[108] R. Lasseter, "Dynamic models for micro-turbines and fuel cells. "*in Proceedings* 2001 *IEEE Power Engineering Society Summer Meeting*, 2001.

[109] A. Bertani, C. Bossi, F. Fornari, S. Massucco, S. Spelta, and F. Tivegna, "A microturbine generation system for grid connected and islanding operation." *in Proceedings IEEE* 2004 *Power Systems Conference and Exposition*, 2004.

[110] H. Nikkhajoei and M. R. Iravani, "A matrix converter based micro-turbine distributed generation system." *IEEE Transactions on Power Delivery*, vol. 20, no. 3, pp. 2182-2192, July 2005.

[111] R. J. Yinger, "Behavior of Capstone and Honeywell microturbine generators during load changes." [Online.] Available: http://certs. lbl. gov/certs-pubs. html.

[112] A. Al-Hinai and A. Feliachi, "Dynamic model of a microturbine used as a distributed generator." *in Proceedings* 34th *Southeastern Symposium on System Theory*, 2002.

[113] B. K. Bose, "Power electronics and AC drives." Prentice Hall, 2002, ISBN 0-13-016743-6.

[114] J. A. Duffie and W. A. Beckman, "Solar engineering of thermal processes. ", John Wiley & Sons, 2nd Edition, 1991, ISBN 0-471-51056-4.

[115] T. Esram and P. L. Chapman, "Comparison of photovoltaic array maximum power point tracking techniques." *IEEE Transactions on Energy Conversion*, vol. 22, no. 2, pp. 439-449, June 2007.

[116] N. Hatziargyriou, G. Kariniotakis, N. Jenkins, J. A. Pecas Lopes, J. Oyarzabal, F. Kanellos, X. L. Pivert, N. Jayawarna, N. Gil, C. L. Moreira, and Z. Larrabe, "Modelling of micro-sources for security studies," *in Proceedings CICGRE Session*, Paris, 2004.

[117] P. Kundur, "Power system stability and control." McGraw-Hill, 1993, ISBN 0-07-035958-X.

[118] J. V. Mierlo, P. V. d. Bossche, and G. Maggetto, "Models of energy sources for EV and EHV: fuel cells, batteries, ultracapacitors, flywheels and engine-generators." *Journal of Power Sources*, vol. 128, no. 1, pp. 76-89, March 2004.

[119] T. C. Green and M. Prodanovic, "Control of inverter-based micro-grids. "*Electric Power Systems Research*, vol. 77, no. 9, pp. 1204-1213 July 2007.

[120] S. Barsali, M. Ceraolo, P. Pelacchi, and D. Poli, "Control techniques of dispersed generators to improve the continuity of electricity supply." *in Proceedings IEEE Power Engineering Society Winter Meeting*, 2002.

[121] M. C. Chandorkar, D. M. Divan, and R. Adapa, "Control of parallel connected inverters in standalone ac supply systems." *IEEE Transactions on Industry Applications*, vol. 29, no. 1, pp. 136-143, January/February 1993.

[122] N. L. Soultanis, S. A. Papathanasiou, and N. Hatziargyriou, "A stability algorithm for the dynamic analysis of inverter dominated unbalanced LV microgrids." *IEEE Transactions on Power Systems*, vol. 22, no. 1, pp. 294-304, February 2007.

[123] F. Blaabjerg, R. Teodorescu, M. Liserre, and A. V. Timbus, "Overview of control and grid synchronization for distributed power generation systems." *IEEE Transactions on Industrial Electronics*, vol. 53, no. 4, pp. 1398-1409, October 2006.

[124] A. Engler, "Control of battery inverters in modular and expandable island grids." PhD Dissertation submitted to the University of Kassel, 2001 (in German).

[125] A. Engler and B. Burger, "Fast signal conditioning in single phase systems." *in Proceedings 9th European Conference on Power Electronics and Applications*, Graz, Germany, 27-29 August 2001.

[126] A. Engler, "Applicability of droops in low voltage grids." *International Journal of Distributed Energy Resources*, vol. 1, no. 1, pp. 3-15, January-March 2005.

[127] B. Kroposki, C. Pink, J. Lynch, V. John, S. M. Daniel, E. Benedict, and I. Vihinen, "Development of a high-speed static switch for distributed energy and microgrid applications." *in Proceedings 2007 Power Conversion Conference*, Nagoya, Japan, 2007.

[128] C. L. Moreira, F. O. Resende, and J. A. Pecas Lopes, "Using low voltage microgrids for service restoration." *IEEE Transactions on Power Systems*, vol. 22, no. 1, pp. 395-403, February 2007.

[129] P. Strauss and A. Engler, "AC coupled PV hybrid systems and microgrids-state of the art and future trends." *in Proceedings 3rd World Conference on Photovoltaic Energy Conversion*, Osaka, Japan, 2003.

[130] M. M. Adibi and L. H. Fink, "Special considerations in power system restoration." *IEEE Transactions on Power Systems*, vol. 7, no. 4, pp. 1419-1427, November 1992.

[131] J. J. Ancona, "A framework for power system restoration following a major power failure." *IEEE Transaction on Power Systems*, vol. 10, no. 3, pp. 1480-1485, August 1995.

[132] M. M. Adibi and L. H. Fink, "Power system restoration planning." *IEEE Transactions on Power Systems*, vol. 9, no. 1, pp. 22-28, February 1994.

[133] T. T. H. Pham, Y. Béssanger, N. Hadjsaid, and D. L. Ha, "Optimizing the re-energizing of distribution systems using the full potential of dispersed generation." *in Proceedings IEEE 2006 Power Engineering Society General Meeting*, 2006.

[134] M. M. Adibi and R. J. Kafka, "Power system restoration issues." *IEEE Computer Applications in Power*, vol. 4, no. 2, pp. 19-24, April 1991.

[135] M. M. Adibi, "Power system restoration-methodologies & implementation strategies." IEEE Press, 2000, ISBN 0-7803-5397-8.

[136] Y. Liu and X. Gu, "Skeleton-network reconfiguration based on topological characteristics of scale-free networks and discrete particle swarm optimization." *IEEE Transaction on Power Systems*, vol. 22, no. 3, pp. 1267-1274, August 2007.

[137] T. Kostic, "Decision aid functions for restoration of transmission power systems after a blackout." PhD dissertation submitted to the *École Polytechnique Fédérale de Lausanne*, 1997.

[138] M. M. Adibi and L. H. Fink, "New approaches in power system restoration." *IEEE Transaction on Power Systems*, vol. 7, no. 4, pp. 1428-1434, November 1992.

[139] M. M. Adibi, P. Clelland, L. H. Fink, H. Happ, R. J. Kafka, J. Raine, D. Sceurer, and F. Trefny, "Power system restoration-a task force report." *IEEE Transaction on Power Systems*, vol. 2, no. 2, pp. 271- 277, May 1987.

[140] R. J. Kafka, D. R. Penders, S. H. Bouchey, and M. M. Adibi, "System restoration plan development for a metropolitan electric system." *IEEE Transactions on Power Apparatus and Systems*, vol. PAS-100, no. 8, pp. 3703-3713, August 1981.

[141] N. A. Fountas, N. D. Hatziargyriou, C. Orfanogiannis, and A. Tasoulis, "Interactive long-term simulation for power system restoration planning." *IEEE Transaction on Power Systems*, vol. 12, no. 1, pp. 61-68, February 1997.

[142] M. M. Adibi, J. N. Borkoski, and R. J. Kafka, "Analytical tool requirements for power system restoration." *IEEE Transaction on Power Systems*, vol. 9, no. 3, pp. 1582-1591, August 1994.

[143] J. A. Huang, L. Audette, and S. Harrison, "A systematic method for power system restoration planning." *IEEE Transaction on Power Systems*, vol. 10, no. 2, pp. 869-875, May 1995.

[144] A. A. Mota, L. T. Mota, and A. Morelato, "Visualization of power system restoration plans using CPM/PERT graphs." *IEEE Transaction on Power Systems*, vol. 22, no. 3, pp. 1322-1329, August 2007.

[145] M. M. Adibi and D. P. Milanicz, "Estimating restoration duration. "*IEEE Transaction on Power Systems*, vol. 14, no. 4, pp. 1493-1498, November 1999.

[146] M. M. Adibi, R. W. Alexander, and B. Avramovic, "Over-voltage control during restoration. "*IEEE Transaction on Power Systems*, vol. 7, no. 4, pp. 1464-1470, November 1992.

[147] M. M. Adibi, R. W. Alexander, and D. P. Milanicz, "Energizing high and extra-high voltage lines during restoration." *IEEE Transaction on Power Systems*, vol. 14, no. 3, pp. 1121-1126, August 1999.

[148] M. M. Adibi and D. P. Milanicz, "Reactive capability limitations of synchronous machines. "*IEEE Transaction on Power Systems*, vol. 9, no. 1, pp. 29-40, February

1994.

[149] M. M. Adibi, D. P. Milanicz, and T. L. Volkmann, "Optimizing generator reactive power resources." *IEEE Transaction on Power Systems*, vol. 14, no. 1, pp. 319-324, February 1999.

[150] M. M. Adibi, J. N. Borkoski, R. J. Kafka, and T. L. Volkmann, "Frequency response of prime movers during restoration." *IEEE Transaction on Power Systems*, vol. 14, no. 2, pp. 751-756, May 1999.

[151] A. M. Bruning, "Cold load pickup. "*IEEE Transactions on Power Apparatus and Systems*, vol. PAS-98, no. 4, pp. 1384-1386, July/August 1979.

[152] T. Kostic, A. J. Germond, and J. L. Alba, "Optimization and learning of load restoration strategies." *Electric Power & Energy Systems*, vol. 20, no. 2, pp. 131-140, May 1998.

[153] MICROGRIDS project Deliverable DE 1, "Safety guidelines for a microgrid." [Online.] Available: http://microgrids. power. ece. ntua. gr/micro/micro2000/delivarables/Deliverable_DE1. zip.

[154] N. Jayawarna, N. Jenkins, M. Barnes, M. Lorentzu, S. Papathanassiou, and N. Hatziargyriou, "Safety analysis of a microgrid." *in Proceedings FPS 2005-International Conference on Future Power Systems*, Amsterdam, The Netherlands, 2005.

[155] MICROGRIDS project Deliverable DD 1, "Emergency strategies and algorithms." [Online.] Available: http://microgrids. power. ece. ntua. gr/micro/micro2000/delivarables/Deliverable_DD1. pdf.

[156] S. Papathanassiou, "Study-case LV Network." [Online] Available: http://microgrids. power. ece. ntua. gr/documents/Study-Case%20LV-Network. pdf.

[157] MICROGRIDS project Deliverable DD 2, "Evaluation of the emergency strategies during islanding and black start." [Online.] Available: http://microgrids. power. ece. ntua. gr/micro/micro2000/delivarables/Deliverable_DD2. pdf.

[158] J. N. Fidalgo, J. A. P. Lopes, and V. Miranda, "Neural networks applied to preventive control measures for the dynamic security of isolated power systems with renewables." *IEEE Transactions on Power Systems*, vol. 11, no. 4, pp. 1811-1816, November 1996.

[159] E. S. Karapidakis and N. D. Hatziargyriou, "Online preventive dynamic security of isolated power systems using decision trees." *IEEE Transactions on Power Systems*, vol. 17, no. 2, pp. 297-304, May 2002.

[160] H. Vasconcelos, J. N. Fidalgo, and J. A. P. Lopes, "A general approach for security monitoring and preventive control of networks with large wind power production." *in Proceedings PSCC02-14th Power Systems Computation Conference*, Seville, Spain, 2002.

[161] C. L. Moreira and J. A. Pecas Lopes, "Microgrids dynamic security assessment." *in*

Proceedings ICCEP-International Conference on Clean Electrical Power，Capri，Italy，2007.

[162] S. Haykin，"Neural Networks: a comprehensive foundation" Prentice Hall，1999，ISBN 0-13-273350-1.

[163] J. N. Fidalgo，"Operation of isolated power systems with wind generation-the contribution of Artificial Neural Networks." PhD dissertation submitted to the Faculty of Engineering of University of Porto，Porto，1995.

[164] L. Wehenkel，"Automatic learning techniques in power systems." Kluwer Academic Publishers，1998，ISBN 0-7923-8068-1.

[165] MathWorks Inc.，"MATLAB® Neural Network Toolbox Users' Guide"，2008.

[166] F. O. Resende，"Contributions for microgrids dynamic modeling and operation." PhD dissertation submitted to the Faculty of Engineering of University of Porto，Porto，2008.

[167] C. Ong，"Dynamic simulation of electric machinery: using Matlab/Simulink" Prentice Hall，1998，ISBN 0-13-723785-5.